電子情報通信レクチャーシリーズ **C-13**

集積回路設計

電子情報通信学会◉編

浅田邦博 著

コロナ社

▶電子情報通信学会 教科書委員会 企画委員会◀

- ●委員長 ── 原島　　博（東京大学名誉教授）
- ●幹事（五十音順） ── 石塚　　満（東京大学名誉教授）
  - 大石　進一（早稲田大学教授）
  - 中川　正雄（慶應義塾大学名誉教授）
  - 古屋　一仁（東京工業大学名誉教授）

▶電子情報通信学会 教科書委員会◀

- ●委員長 ── 辻井　重男（東京工業大学名誉教授）
- ●副委員長 ── 神谷　武志（東京大学名誉教授）
  - 宮原　秀夫（大阪大学名誉教授）
- ●幹事長兼企画委員長 ── 原島　　博（東京大学名誉教授）
- ●幹事（五十音順） ── 石塚　　満（東京大学名誉教授）
  - 大石　進一（早稲田大学教授）
  - 中川　正雄（慶應義塾大学名誉教授）
  - 古屋　一仁（東京工業大学名誉教授）
- ●委員 ── 122名

（2015年1月現在）

刊行のことば

　新世紀の開幕を控えた1990年代，本学会が対象とする学問と技術の広がりと奥行きは飛躍的に拡大し，電子情報通信技術とほぼ同義語としての"IT"が連日，新聞紙面を賑わすようになった．

　いわゆるIT革命に対する感度は人により様々であるとしても，ITが経済，行政，教育，文化，医療，福祉，環境など社会全般のインフラストラクチャとなり，グローバルなスケールで文明の構造と人々の心のありさまを変えつつあることは間違いない．

　また，政府がITと並ぶ科学技術政策の重点として掲げるナノテクノロジーやバイオテクノロジーも本学会が直接，あるいは間接に対象とするフロンティアである．例えば工学にとって，これまで教養的色彩の強かった量子力学は，今やナノテクノロジーや量子コンピュータの研究開発に不可欠な実学的手法となった．

　こうした技術と人間・社会とのかかわりの深まりや学術の広がりを踏まえて，本学会は1999年，教科書委員会を発足させ，約2年間をかけて新しい教科書シリーズの構想を練り，高専，大学学部学生，及び大学院学生を主な対象として，共通，基礎，基盤，展開の諸段階からなる60余冊の教科書を刊行することとした．

　分野の広がりに加えて，ビジュアルな説明に重点をおいて理解を深めるよう配慮したのも本シリーズの特長である．しかし，受身な読み方だけでは，書かれた内容を活用することはできない．"分かる"とは，自分なりの論理で対象を再構築することである．研究開発の将来を担う学生諸君には是非そのような積極的な読み方をしていただきたい．

　さて，IT社会が目指す人類の普遍的価値は何かと改めて問われれば，それは，安定性とのバランスが保たれる中での自由の拡大ではないだろうか．

　哲学者ヘーゲルは，"世界史とは，人間の自由の意識の進歩のことであり，… その進歩の必然性を我々は認識しなければならない"と歴史哲学講義で述べている．"自由"には利便性の向上や自己決定・選択幅の拡大など多様な意味が込められよう．電子情報通信技術による自由の拡大は，様々な矛盾や相克あるいは摩擦を引き起こすことも事実であるが，それらのマイナス面を最小化しつつ，我々はヘーゲルの時代的，地域的制約を超えて，人々の幸福感を高めるような自由の拡大を目指したいものである．

　学生諸君が，そのような夢と気概をもって勉学し，将来，各自の才能を十分に発揮して活躍していただくための知的資産として本教科書シリーズが役立つことを執筆者らと共に願っ

ている.

　なお，昭和55年以来発刊してきた電子情報通信学会大学シリーズも，現代的価値を持ち続けているので，本シリーズとあわせ，利用していただければ幸いである.

　終わりに本シリーズの発刊にご協力いただいた多くの方々に深い感謝の意を表しておきたい.

　2002年3月　　　　　　　　　　　　　　　　　　　電子情報通信学会 教科書委員会

　　　　　　　　　　　　　　　　　　　　　　　　　　委員長　辻　井　重　男

まえがき

　LSI の製造技術である微細加工技術は原子数を数えられるほどに微細化してきている．それに伴い集積度の改善はもとより，速度性能が向上し，消費電力性能も向上している．一方，FET 微細化によるリーク電流増加や素子パラメータのばらつき増大などで，LSI 設計は，「設計規模の壁」と「副作用の壁」の両方に直面している．しかし，微細化による集積度向上による機能と性能の向上が得られる限り，LSI 技術は発展し続けることは間違いなかろう．LSI では同時に「コストの壁」がいわれる場合もあるが，代替技術がない限り技術の進歩は止まらないであろう．トランジスタが生まれて 65 年，LSI が生まれて 40～50 年経過しても，依然として LSI は魅力的かつチャレンジングな領域である．その中に含まれる技術要素を理解することは工学全体を理解するにも匹敵する「集積技術」分野である．

　本書は，LSI 設計に入門するための必要な技術を述べたものである．

　1 章では，LSI の基本素子である MOSFET の動作モデルについて述べている．この章は既に半導体デバイスの特性について予備知識を有する場合は読み飛ばしてもかまわない．

　2 章では，CMOS インバータ回路を題材に静特性と動特性について述べている．インバータは論理 LSI で最も基本的回路であるが，LSI の持つ重要な特性を理解でき，重要な回路である．

　3 章では，LSI の動作速度を見積もるためのエルモアモデルとその応用について述べている．LSI の動作速度を決定する要因は FET 特性から配線特性にシフトしてきているが，LSI 設計の将来像を見通すためにも重要な見積り手法である．

　4 章では，5 章で説明する LSI の設計規則の背景となる LSI の製造工程について，概要を述べている．既に LSI の製造工程について予備知識を有する場合は読み飛ばしてもかまわない．

　5 章では，LSI の製造側と設計側とのインタフェースである設計規則，素子の電気的特性や設計者が留意すべきいくつかの制約事項についても述べている．

　6 章では，論理 LSI で用いられる主要な基本ゲート回路の様式について，その設計手法とともに述べている．

　7 章では，論理 LSI で用いられるレジスタや大規模記憶回路の様式について述べている．

　ここまでの章で，LSI 設計で用いられる基本的回路要素とその特性についての知識が得られるはずである．

　8 章では，情報処理用 LSI で用いられる基本的機能モジュールについて，そのハードウェ

ア量と処理時間のトレードオフの観点でまとめて述べている．コンピュータのハードウェア工学への橋渡しの章としている．

9章では，LSIを設計する際に用いられる設計手法について述べている．フルカスタム設計，セミカスタム設計，セルベース設計，モジュールコンパイラの概念を説明し，併せて現在のLSI設計で用いられる検証手法，自動合成手法について述べている．実際にチップ設計を行う場合にはその設計環境で提供されるツールの利用法を習得する必要があるが，そのための「道しるべ」となることを意図している．

LSI設計は間口の広さとともにたいへん奥の深い技術であり，それをマスターすれば電子工学の大半を理解したことにもなる．本書がLSI設計へのよき道案内となること期待している．

2015年1月

浅　田　邦　博

目　次

1. MOSFET

　1.1　MOS 構造 …………………………………………… 2
　1.2　MOSFET と動作のあらまし ………………………… 3
　1.3　MOSFET の電圧電流特性 …………………………… 5
　1.4　MOSFET の電圧電流特性の 2 次近似式 …………… 10
　1.5　垂直電界効果 ………………………………………… 13
　1.6　チャネル長変調効果 ………………………………… 13
　1.7　サブスレショルド電流 ……………………………… 14
　本章のまとめ ……………………………………………… 16

2. CMOSインバータ

　2.1　CMOS インバータ回路 ……………………………… 18
　2.2　CMOS インバータの論理しきい値 ………………… 19
　2.3　CMOS インバータの遅延時間 ……………………… 22
　　　2.3.1　立上り時間 τ_r，立下り時間 τ_f …………… 24
　　　2.3.2　立上り時間・立下り時間の目安 ……………… 25
　　　2.3.3　インバータ遅延 τ_d …………………………… 25
　2.4　nFET・pFET の対称性 ……………………………… 26
　2.5　CMOS インバータ型ゲートの遅延時間の目安 …… 27
　2.6　インバータによる大容量負荷の駆動 ……………… 28
　2.7　CMOS インバータの消費電力 ……………………… 29
　本章のまとめ ……………………………………………… 30
　理解度の確認 ……………………………………………… 31

3. 線形回路の遅延モデル

- 3.1 エルモアの遅延モデル …………………………………… 34
- 3.2 ルビンシュタインの方法 …………………………………… 35
- 3.3 インバータ型ゲートのマクロモデル ……………………… 36
- 3.4 論理回路の遅延 ……………………………………………… 38
  - 3.4.1 配線遅延と配線固有遅延 ……………………………… 40
  - 3.4.2 等電位領域 ……………………………………………… 40
- 3.5 長い配線の駆動 ……………………………………………… 40
- 本章のまとめ …………………………………………………… 42
- 理解度の確認 …………………………………………………… 42

4. LSI製造プロセス

- 4.1 シリコンウェーハの製造フロー …………………………… 44
- 4.2 LSI製造フローの概要 ……………………………………… 45
- 4.3 リソグラフィー ……………………………………………… 47
- 4.4 CMOSの製造フロー ………………………………………… 49
- 4.5 その他のCMOS構造 ………………………………………… 54
- 4.6 チップの組立て ……………………………………………… 56
- 4.7 LSIのテスト ………………………………………………… 60
- 本章のまとめ …………………………………………………… 61

5. 設計規則

- 5.1 物理マスクと論理マスク …………………………………… 64
- 5.2 λルール …………………………………………………… 66
  - 5.2.1 同一マスク内図形の最小寸法・最小間隔 …………… 67
  - 5.2.2 ウェルと拡散領域の最小重なり・最小間隔 ………… 68
  - 5.2.3 FETに関する設計規則 ………………………………… 69
  - 5.2.4 コンタクト・スルーホールに関する設計規則 ……… 70
- 5.3 基板コンタクト ……………………………………………… 72

5.4	ラッチアップ	74
5.5	電気的パラメータ	75
	5.5.1	FET の電気的パラメータ	76
	5.5.2	抵抗パラメータ	76
	5.5.3	容量パラメータ	78
5.6	エレクトロマイグレーション	80
5.7	入出力回路	81
本章のまとめ		83
理解度の確認		84

6. CMOS の基本ゲート回路

6.1	論理関数の種類	86
	6.1.1	論理関数の単調性	86
	6.1.2	論理関数の対称性	87
6.2	FET のスイッチモデル	89
6.3	NAND・NOR ゲート回路	91
	6.3.1	多入力 NAND・NOR ゲート回路	92
	6.3.2	多入力 NAND・NOR ゲート回路の時間非対称性	94
6.4	インバータ型複合ゲート回路	95
6.5	グラフによる双対回路の導出	97
6.6	一般の複合ゲート	99
	6.6.1	排他的論理和	100
	6.6.2	インバータ型セレクタ回路	101
	6.6.3	インバータ型フルアダー（全加算器）	103
6.7	パストランジスタ型ゲート回路	104
	6.7.1	パスゲート型セレクタ回路	105
	6.7.2	パスゲート型フルアダー（全加算器）	106
6.8	3 状態ゲート回路	107
6.9	ダイナミック型ゲート回路	109
	6.9.1	ダイナミック型ゲート回路の入力遷移の制約	111
	6.9.2	ダイナミック型ゲート回路の電荷再配分問題	111
	6.9.3	ドミノ回路	112
6.10	一般化 CMOS ゲート回路	113

6.11　2線式論理ゲート ……………………………………… 116
　　　　6.11.1　CVSL（カスコード電圧スイッチ論理）……………… 116
　　　　6.11.2　BDD ……………………………………………… 118
　　　　6.11.3　CPL（相補的パストランジスタ論理）……………… 119
　本章のまとめ ………………………………………………………… 120
　理解度の確認 ………………………………………………………… 122

7. 記憶回路

　7.1　記憶回路の基礎 ……………………………………………… 124
　　　7.1.1　ダイナミック型記憶回路 ……………………………… 124
　　　7.1.2　記憶保持の物理 ………………………………………… 125
　　　7.1.3　セットアップ時間，ホールド時間 …………………… 126
　　　7.1.4　リフレッシュ動作 ……………………………………… 127
　　　7.1.5　スタティック型記憶回路 ……………………………… 128
　　　7.1.6　メタステーブル状態 …………………………………… 129
　7.2　フリップフロップ …………………………………………… 130
　　　7.2.1　SR フリップフロップ ………………………………… 130
　　　7.2.2　レベルトリガ型フリップフロップ …………………… 131
　　　7.2.3　エッジトリガ型フリップフロップ …………………… 132
　7.3　大容量メモリ ………………………………………………… 133
　7.4　ROM のメモリセル回路 …………………………………… 135
　　　7.4.1　マスク ROM …………………………………………… 135
　　　7.4.2　PROM …………………………………………………… 136
　　　7.4.3　EPROM ………………………………………………… 136
　　　7.4.4　EEPROM ……………………………………………… 137
　7.5　SRAM のメモリセル ……………………………………… 138
　7.6　DRAM のメモリセル ……………………………………… 141
　　　7.6.1　ダイナミック型メモリセルの進化 …………………… 141
　　　7.6.2　DRAM メモリセルの動作 …………………………… 142
　7.7　不揮発性 RAM ……………………………………………… 144
　7.8　CAM ………………………………………………………… 145
　7.9　PLA ………………………………………………………… 147
　本章のまとめ ………………………………………………………… 149

| 理解度の確認 …………………………………………… 150

8. 情報処理用LSIの基本要素

| 8.1 データパスとコントローラ ………………………… 152
| 8.1.1 データパスへのリソースの割当て ………………… 153
| 8.1.2 コントロールステップの決定 …………………… 153
| 8.2 有限状態機械としてのコントローラ ……………………… 153
| 8.3 並列加算器 …………………………………………… 155
| 8.3.1 リプルキャリー加算器 …………………………… 155
| 8.3.2 キャリー先見加算器 …………………………… 156
| 8.3.3 キャリーセレクト加算器 ………………………… 158
| 8.4 並列乗算器 …………………………………………… 159
| 8.4.1 キャリーセーブ型加算器 ………………………… 160
| 8.4.2 アレー型並列乗算器 …………………………… 161
| 8.4.3 ツリー型並列乗算器 …………………………… 161
| 8.4.4 ブースの部分積生成法 ………………………… 161
| 8.5 シフト演算 …………………………………………… 163
| 8.5.1 2入力セレクタによるバレルシフタ ……………… 164
| 8.5.2 クロスバ型バレルシフタ ………………………… 165
| 8.6 レジスタ ……………………………………………… 166
| 8.7 バ ス 方 式 …………………………………………… 167
| 8.8 カ ウ ン タ …………………………………………… 170
| 8.8.1 2進カウンタ …………………………………… 170
| 8.8.2 シフトレジスタ型カウンタ ……………………… 171
| 本章のまとめ ……………………………………………… 173
| 理解度の確認 ……………………………………………… 174

9. LSI設計の様式

| 9.1 LSIの設計階層とカスタム設計 ………………………… 176
| 9.2 階層設計と記述言語 …………………………………… 177

  9.3 設　計　検　証………………………………………………*178*
  9.4 フロアプラン…………………………………………………*179*
  9.5 セルベース設計様式…………………………………………*180*
    9.5.1 標準セルライブラリの1次元レイアウト手法…………*181*
    9.5.2 セルベース設計の配置配線様式…………………………*184*
  9.6 タイル法による設計様式……………………………………*186*
  9.7 マスクパターンの検証………………………………………*188*
    9.7.1 幾何学的設計規則の検証…………………………………*188*
    9.7.2 電気的規則の検証…………………………………………*189*
    9.7.3 マスクパターンからの回路抽出とLVS…………………*189*
    9.7.4 マスクパターンからの回路抽出と検証…………………*189*
  9.8 LSIの製造後設計検証………………………………………*189*
 本章のまとめ………………………………………………………*191*
 理解度の確認………………………………………………………*191*

参　考　文　献………………………………………………………………*192*
索　　　　引…………………………………………………………………*193*

1 MOSFET

　集積回路(integrated circuit, IC)は，トランジスタに代表される能動素子と抵抗，キャパシタなどの受動素子を小さな半導体チップ上に集積した電子回路である．トランジスタは，バイポーラ(bipolar junction transistor, BJT)トランジスタと電界効果(field effect transistor, FET)トランジスタに分類される．集積回路で用いられるFETには，金属-酸化物-半導体(metal oxide semiconductor, MOS)が多く用いられ，MOSFETと呼ばれる．現在のように究極的に微細化された素子では，BJTは超高周波や低雑音などを必要とする場合に用いられるが，大規模集積回路(large scale integration, LSI)では，その構造の簡単さと集積度の高さからMOSFETが多用される．本章ではMOSFETの動作について説明する．

　なお，本章を理解するには，電荷密度と電界強度の関係(電気磁気工学の知識)とともに，半導体の電気伝導に関わるキャリヤの生成と移動に関する初歩的知識(半導体物理)を必要とする．また，2章以降では本章で導出する2次近似式を主として用いるので，本章を読み飛ばしても式の導出結果を前提に理解することができる．

1.1 MOS 構 造

MOS 構造は，金属，酸化物（絶縁体），半導体を積層した構造である（図 1.1 参照）．

図 1.1　MOS構造

半導体は純粋な結晶（i 型：真性半導体）では高い絶縁性を持つが，n 型あるいは p 型不純物をドーピングすることで n 型半導体あるいは p 型半導体となり，金属と同様に電気伝導性を持つようになる．n 型半導体では電子が，p 型半導体ではホール（hole，正孔）が電気伝導性を与えるキャリヤとなる．金属と p 型半導体の間に電圧を掛け，金属を半導体に対し正にバイアスして，ある電圧以上にすると，半導体と酸化物の界面には電子が誘起され，p 型半導体のホールを相殺するようになる（図 1.2 参照）．この現象を **n 型反転**と呼び，そのときの電圧を**反転電圧（しきい電圧）**と呼ぶ．酸化物との界面に近い半導体の薄い層は，部分的に n 型半導体として振る舞う．図 1.1 の半導体が n 型の場合は，金属を半導体に対し負にバイアスすれば，同様の現象が生じ，n 型半導体は **p 型反転**する．MOSFET では，このような電界による半導体の反転現象を利用して電気伝導を制御する．なお，真性半導体であっても電界を加えることで n 型，あるいは p 型と等価な層が酸化物との界面に生成される†．

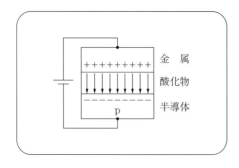

図 1.2　電界効果

---

† 半導体は，絶縁体の一種であるが，電界や光，熱，応力などの外部刺激により，容易に電子やホールの状態が変化する材料である．

1.2 MOSFETと動作のあらまし

MOSFETは，電界によって電気伝導性を変化させ，電流を制御するスイッチとして機能する．LSIの基本構成素子であり，図1.3にその典型的な構造を示す．基板はn型あるいはp型半導体であり，ソース，ドレーンは反対極性の半導体領域となっている．ゲートは，金属あるいは高濃度の不純物をドーピングした半導体，金属と半導体からなるシリサイドなどである．高濃度不純物をドーピングした半導体はキャリヤ濃度も高く，少々の電界では反転するまでには至らず，「金属的」性質となる．酸化物はここでは二酸化シリコン（SiO_2）を用いている．LSI基板は通常シリコン結晶であり，酸化することで容易に生成できる．

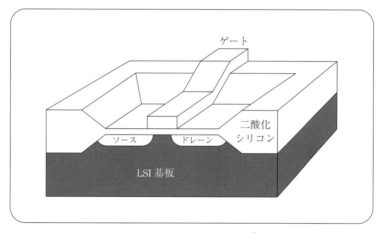

図1.3　MOSFETの構造[†]

図1.3は，MOSFETをソースからゲートにかけて左右対称な面で切断した断面を示している．ここで，MOS構造は（切断面の中央の上から）金属（ゲート金属），酸化物（ゲート酸化膜），LSI基板の積層構造となっている．

基板がn型（p型）の場合，**pMOSFET**（**nMOSFET**）と呼ぶ．なお，ソースとドレーンは電力制御用などを除き，通常は対称構造である．この場合，ソースとドレーンの区別は回路動作状態で決定される．nMOSFET（pMOSFET）では，電位の高い方（低い方）をドレーンと呼ぶ．

[†] MOSFETの領域は二酸化シリコンの厚さが薄くなっている領域である．外側の厚い酸化膜はフィールド**酸化膜**と呼ばれ，ゲート電極と基板との距離を大きくすることで電界強度をMOSFETのチャネル領域より弱くし，反転することを防止する．これによりMOSFETを他の部分から電気的に「分離」し，多数の素子を集積するLSIでは重要な分離領域を形成する．

1. MOSFET

MOSFET の電流はソース–ドレーン間を流れ，ゲート電位の制御を受ける．図 1.4 に示すように，nMOSFET では基板に対しゲートに徐々に正のゲート–ソース間電圧 V_{GS} を与えると，あるしきい電圧 V_T に到達するまでは p 型半導体基板中のホールが基板下側方へ追いやられ，ゲート直下（チャネル領域）にキャリヤの極めて少ない空乏層が形成される（図 (a)）．更に，電圧 V_{GS} を高くし V_T 付近になると，ゲート直下のチャネル領域の半導体界面が n 型反転し，ソース，ドレーン領域と同じ極性の半導体となるため，ソース–ドレーン間は電気伝導性を持つようになる．これを**チャネル生成**と呼ぶ．この時点でチャネル領域にはソース（ドレーン）から電子が流れ込み，チャネル電位はソース（ドレーン）の電位とほぼ等しくなる（図 (b)）．チャネル領域に誘起される電子の面密度は $(V_{GS} - V_T)$ にほぼ比例して増加し，ソース–ドレーン間の電気伝導性もそれに応じて増加する．このように，MOSFET ではゲート–ソース間の電圧により，ソース–ドレーン間の電気伝導が制御されるスイッチとして機能する．なお，しきい電圧 V_T は，ゲート材料や基板の不純物密度，ソース–基板間のバイアス電圧などによって変化する．

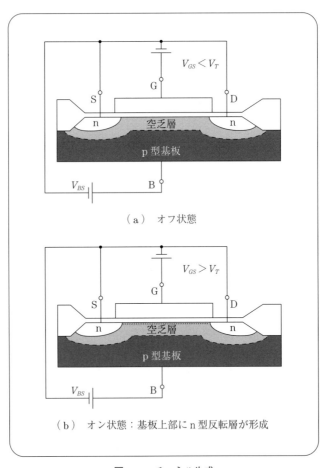

(a) オフ状態

(b) オン状態：基板上部に n 型反転層が形成

図 1.4　チャネル生成

1.3 MOSFETの電圧電流特性[†]

MOSFET の伝導特性の大まかな動作は前節で述べた．より詳細には，図 1.4(b) に示した，オン状態でのゲート酸化膜直下（基板上部）に発生するキャリヤ密度を計算する必要がある．キャリヤ密度の計算は，厳密にはデバイスの 3 次元の電界分布を考慮する必要がある．これにはコンピュータによる数値計算に頼ることになるが，近似的には**図 1.5** に示すような 1 次元チャネルモデルで解析的に求めることができる．

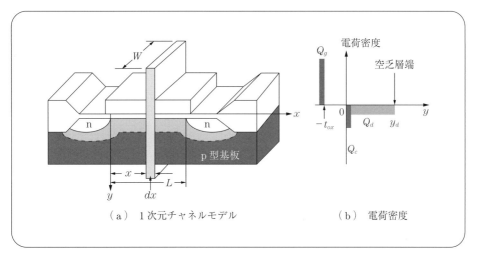

（a）1 次元チャネルモデル　　（b）電荷密度

図 1.5　1 次元チャネルモデル（グラジュアルチャネルモデル）とその電荷密度．水平方向を x 軸，垂直方向（深さ方向）を y 軸とし，ゲート酸化膜厚を t_{ox} としている．

図 (a) は，MOSFET のソース端を基点としてドレーン端に至る水平軸方向でのチャネル中のある点 x で，MOSFET のゲート側から基板側への垂直軸方向の電荷密度を定義したものである．水平軸（x 軸）原点はソース端であり，垂直軸（y 軸）原点は基板とゲート酸化膜の界面である．図 (b) で，$Q_c(y)$ はチャネル電荷密度，$Q_d(y)$ は空乏層の電荷密度，$Q_g(y)$ はゲート電極の電荷密度である．$Q_g(y)$ と $Q_c(y)$ は y 軸上で広がりを持っているように描いているが，実際には極めて狭い領域に局在し，解析上はデルタ関数で近似する．また，基板の不純物濃度は一様分布と仮定している．空乏層はキャリヤが出払っており，活性化された

[†] 以下の節では nMOSFET を用いて説明している．pMOSFET については電圧，電流の極性を逆にし，電荷の極性も逆とすることで，そのまま適用できる．

不純物密度が $Q_d(y)$ に相当する．なお，y 軸は深さ方向を正としており，ゲート酸化膜厚を t_{ox} としている．解析では体積密度，$Q_c(y)$，$Q_d(y)$，$Q_g(y)$ を y について積分して得られる電荷量（面密度）をあらためてそれぞれ Q_c，Q_d，Q_g と表すことにする．

まず，電気的中性条件より

$$Q_g + Q_c + Q_d = 0 \tag{1.1}$$

Q_d は，基板電位 V_b とチャネル中の x 点の電位 $V(x)$ が分かれば，電磁気学のポアソンの式から求めることができる．つまり，p 型基板の不純物密度 N_a が負の固定電荷を与えることに注意すると，ポアソンの式は次式のようになる．

$$\varepsilon_{Si} \frac{d^2\phi}{dy^2} = qN_a \tag{1.2}$$

ここに，ε_{Si} はシリコン（Si）基板の誘電率，q は電荷素量である．境界条件として空乏層端 y_d で中性領域に電位と，その傾きが連続的に接続しなければならないことから

$$\left.\frac{d\phi}{dy}\right|_{y=y_d} = 0, \quad \phi(y_d) = V_b \tag{1.3}$$

更に，酸化膜との界面では $V(x)$ である．

$$\phi(0) = V(x) \tag{1.4}$$

となる．式 (1.1)～(1.3) より空乏層の厚さ y_d が求められる．y_d に $(-qN_a)$ を乗ずることで空乏層電荷面密度 Q_d が求められる．

$$\begin{aligned} Q_d &= -y \times qN_a \\ &= -\sqrt{2\varepsilon_{Si}qN_a(V(x) - V_b)} \end{aligned} \tag{1.5}$$

一方，ゲート電極の電荷面密度 Q_g はゲート電極と酸化膜，チャネルとから形成される単位面積当りの静電容量を C_o とするとき

$$Q_g = C_o(V_g - V(x)) \tag{1.6}$$

の関係がある．また，C_o はゲート酸化膜の誘電率と厚さをそれぞれ，ε_{ox}，t_{ox} とし，平行平板モデルを用いて次式で表される．

$$C_o = \frac{\varepsilon_{ox}}{t_{ox}} \tag{1.7}$$

以上の式 (1.1)，(1.5) 及び式 (1.6) より，チャネルのキャリヤの電荷面密度 Q_c についての次式が得られる．

$$\begin{aligned} Q_c &= -(Q_g + Q_d) \\ &= -C_o(V_g - V(x)) + \sqrt{2\varepsilon_{Si}qN_a(V(x) - V_b)} \end{aligned} \tag{1.8}$$

これまでは図 1.4 に示すように，ソース–ドレーン間に電圧が掛かっていない場合を考えてきた．その場合にはチャネルの電位 $V(x)$ は x によらない定数となる．しかし，式 (1.1) から式 (1.8) はソース–ドレーン間に電圧が掛かっても，「x 方向の電界の変化が y 方向に比較して緩やかである」ときには近似的に成立する．この近似を**グラジュアルチャネル近似**と呼ぶ．この近似の下でソース–ドレーン間に電圧を掛けたときの，電圧–電流の式を解析的に求めることができる．

ある電界強度 E の下でのキャリヤの平均移動速度 v が

$$v = \mu(E) \cdot E \tag{1.9}$$

で与えられるものとする．$\mu(E)$ を**移動度**と呼ぶ．最も簡単なモデルでは「速度は電界 E に比例する」とする．このとき移動度は定数となる．チャネルの x での x 方向の電界強度は $(-dV(x)/dx)$ である．定常状態では電流はチャネルの至るところで一定（電流連続）である．電流は v と Q_c，デバイスの奥行 W の積で与えられる．したがって，ドレーン–ソース間を流れる電流 I_{DS} は，次式で与えられることが分かる．

$$\begin{aligned}I_{DS} &= vQ_cW \\ &= -\mu(E)\frac{dV(x)}{dx}W\left\{-C_o(V_g-V(x))+\sqrt{2\varepsilon_{\mathrm{Si}}qN_a(V(x)-V_b)}\right\}\end{aligned} \tag{1.10}$$

式 (1.9) は非線形微分方程式であり，一般には解析解を得ることは困難であるが，$\mu(E)$ が定数である場合や，以下の例のように特殊な場合には解析的に解くことができる．いま，$\mu(E)$ が

$$\mu(E) = \frac{\mu_0}{1+\dfrac{\mu_0}{v_{\max}}|E|} \tag{1.11}$$

の関数で与えられる場合を考える．ここで，$v_{\max}$ は強電界による移動度の飽和現象を表す定数で**飽和速度**と呼ばれ，μ_0 は低電界下における移動度を与える．式 (1.9) と式 (1.11) よりキャリヤ速度は $v_{\max}$ を超えないことが分かる．式 (1.10) と式 (1.11) により，$V(x)$ に関する微分方程式が，$|E| = dV(x)/dx$ に注意して，次式のように得られる．

$$I_{DS}\left(1+\frac{\mu_0}{v_{\max}}\frac{dV(x)}{dx}\right) = \mu_0\frac{dV(x)}{dx}W\left\{C_o(V_g-V(x))-\sqrt{2\varepsilon_{\mathrm{Si}}qN_a(V(x)-V_b)}\right\} \tag{1.12}$$

先に述べたように I_{DS} は x によらず一定である．式 (1.12) の両辺をそれぞれ x について積分する．チャネルを $x=0$ から L とすると，次式が得られる．

$$\begin{aligned}&I_{DS}\left\{L+\frac{\mu_0}{v_{\max}}(V(L)-V(0))\right\}\\&= \mu_0W\int_0^L \frac{dV(x)}{dx}\left\{C_o(V_g-V(x))-\sqrt{2\varepsilon_{\mathrm{Si}}qN_a(V(x)-V_b)}\right\}dx\end{aligned}$$

$$
\begin{aligned}
&= \mu_0 W \int_{V(0)}^{V(L)} \left\{ C_o(V_g - V(x)) - \sqrt{2\varepsilon_{\text{Si}} q N_a (V(x) - V_b)} \right\} dV(x) \\
&= \mu_0 C_o W \left[\left\{ V_g - V(0) - \frac{1}{2}(V(L) - V(0)) \right\} (V(L) - V(0)) \right. \\
&\quad \left. - \frac{2}{3} \frac{\sqrt{2\varepsilon_{\text{Si}} q N_a}}{C_o} \left\{ (V(L) - V_b)^{\frac{3}{2}} - (V(0) - V_b)^{\frac{3}{2}} \right\} \right]
\end{aligned}
\tag{1.13}
$$

ここで $V(L) - V(0)$ はドレーン–ソース間の電位差であり V_{DS} と置く．また，$V(0)$ はソース端でのチャネルが形成され始める電位であり，経験的にソース電位 V_s から $2\phi_B$ 程度変位した値とされる．ここで，ϕ_B は基板のフェルミレベルと真性フェルミレベルとの差である．p 型基板が同じキャリヤ密度の n 型に反転する条件に等しい．

$$
V_{DS} \equiv V(L) - V(0), \qquad V(0) = V_s + 2\phi_B
\tag{1.14}
$$

また，基板–ソース間電位差 $V_b - V_s$ を V_{BS} と置く．ゲート–ソース間電位差 V_{GS} と実効的にチャネル電荷に影響するゲート電位 V_g とは，ゲート材料と基板材料との仕事関数差 Φ_{MS} と酸化膜中の固定電荷 Q_{SS} を考慮して

$$
V_{GS} = V_g - V_s + \Phi_{MS} - \frac{Q_{SS}}{C_o}
\tag{1.15}
$$

の関係がある．式 (1.13) に式 (1.14)，(1.15) を代入して最終的に次式が得られる．

$$
\begin{aligned}
I_{DS} &= \frac{\mu_0 C_o W}{\left(1 + \frac{\mu_0}{v_{\max}} \frac{V_{DS}}{L}\right) L} \left[\left(V_{GS} - V_{t0} - \frac{1}{2} V_{DS} \right) V_{DS} \right. \\
&\quad \left. - \frac{2}{3} \frac{\sqrt{2\varepsilon_{\text{Si}} q N_a}}{C_o} \left\{ (V_{DS} + 2\phi_B - V_{BS})^{\frac{3}{2}} - (2\phi_B - V_{BS})^{\frac{3}{2}} \right\} \right] \\
&= \mu\left(\frac{V_{DS}}{L}\right) \frac{C_o W}{L} \left[\left(V_{GS} - V_{t0} - \frac{1}{2} V_{DS} \right) V_{DS} \right. \\
&\quad \left. - \frac{2}{3} \frac{\sqrt{2\varepsilon_{\text{Si}} q N_a}}{C_o} \left\{ (V_{DS} + 2\phi_B - V_{BS})^{\frac{3}{2}} - (2\phi_B - V_{BS})^{\frac{3}{2}} \right\} \right]
\end{aligned}
\tag{1.16}
$$

ここで，$V_{t0} \equiv \Phi_{MS} + 2\phi_B - Q_{SS}/C_o$ と置いた．式 (1.16) から分かるように式 (1.11) で仮定した移動度を用いても，結果的には局所的電界強度 E の代わりにソース–ドレーン間の平均電界（V_{DS}/L）を用いた一定の移動度 $\mu(V_{DS}/L)$ を仮定した場合と同じ結果が得られる[†]．

図 1.6 は，式 (1.16) に典型的パラメータを代入して電圧電流特性をグラフに示したものである．細い実線が式をそのままプロットしたものであり，太い実線は I_{DS} をその極値で飽和させたものである．実際には細線のように電流が減少することはなく，ほぼ飽和することが知られている．式 (1.16) を導くとき，式 (1.8) のチャネルキャリヤ電荷を用いているが，

[†] 式の導出過程では p 基板が n 型反転するための電位差 $2\phi_B$ や，ゲート材料と半導体基板との仕事関数差 Φ_{MS}，更に，ゲート酸化膜中の固定電荷密度 Q_{SS} が用いられるが，結果として重要なものは実験的に求められるしきい電圧 V_{t0} である．

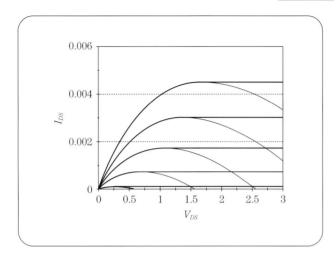

図 1.6　グラジュアルチャネル近似による電圧電流特性

この式は $Q_c \leqq 0$ の範囲でしか成立しない．電流が式の上で減少に転じるのはこれを無視して積分したためである（更にいえば，キャリヤの電荷面密度 Q_c がゼロとなる付近ではチャネル抵抗が高く，水平方向の電界強度が大きいため，グラジュアル近似自体が成立しない）．式 (1.16) に従って電流が増加している領域を**線形領域**，電流が飽和してほぼ一定となる領域を**飽和領域**と呼んでいる．

グラジュアルチャネル近似上も，電流飽和が生じる条件は厳密には Q_c がゼロとなることではない．式 (1.16) を V_{DS} について微分し，それをゼロとすることから求められる V_{DS} の値は，$v_{\max}$ が有限であるため Q_c がゼロとなる少し前の値である．キャリヤ速度は $v_{\max}$ 以上にはならないため，I_{DS} には

$$I_{DS} < |v_{\max} Q_c \cdot W| \tag{1.17}$$

の限界があることに注意されたい．式 (1.8) において x が L（ドレーン端）で上式の限界に到達するとし，式 (1.14), (1.15) を代入すると

$$I_{DS} < v_{\max}\{C_o(V_{GS} - V_{DS} - V_{t0}) - \sqrt{2\varepsilon_{\mathrm{Si}} q N_a (V_{DS} + 2\phi_B - V_{BS})}\}W \tag{1.18}$$

が得られる．これが図 1.6 の飽和現象の物理的意味である．I_{DS} と V_{GS}, V_{BS} が与えられたとき，式 (1.18) が成立する V_{DS} の上限を**ピンチオフ電圧** V_{sat}（飽和電圧）と呼ぶ．

図 1.7 は，I_{DS} がそれぞれ 0.5 mA，1.0 mA，1.5 mA のときのチャネル中の電位をプロットしたものである．縦軸がソース端からの位置，横軸がソース端の電位を基準としたときのチャネル電位である．この図は式 (1.13) で L を x として求められる．電流を一定としたとき図中の矢印で示した箇所で x が極値をとっている．これは電界が式の上ではここで無限大となることを意味する．この例では電流が 1.5 mA のとき $x = 0.45\,\mathrm{\mu m}$ 当りで極大となっているが，チャネル長 $L = 0.45\,\mathrm{\mu m}$ のデバイスを考えると，電流が 1.5 mA 以上となるチャネル電位の解は存在しないことが分かる．

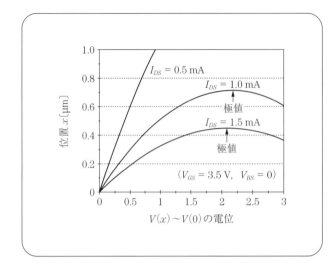

図 1.7 チャネル中の位置 x と電位の例

1.4 MOSFETの電圧電流特性の2次近似式

式 (1.16) の V_{DS} がゼロ付近の振舞いをよく理解するために $V_{DS} = 0$ でテイラー展開を行い，V_{DS} に関する3次以上の項を省略し2次の項を簡略化すると次式を得る．

$$I_{DS} = K_p \frac{W}{L}\left(V_{GS} - V_T - \frac{1}{2}V_{DS}\right)V_{DS} \tag{1.19}$$

ここで V_T，K_p は，それぞれしきい電圧，プロセス利得と呼ばれるもので次式で与えられる．

$$V_T = V_{t0} + \gamma\sqrt{2\phi_B - V_{BS}} \tag{1.20}$$

$$\gamma = \frac{\sqrt{2\varepsilon_{\mathrm{Si}}qN_a}}{C_o} \tag{1.21}$$

$$K_p = \mu_0 C_o \tag{1.22}$$

なお，γ は基板バイアス効果係数と呼ばれる．式 (1.19) は式 (1.16) の2次の近似ではあるが，解析的取扱いが容易であるため，FET のモデル式として広く用いられている．また，式 (1.16) で空乏層固定電荷 N_a と移動度の電界効果がともにないとしたとき，類似の式が得られる．しかし，この場合は見掛け上，しきい値が基板電位 V_{BS} の影響を受けないことになることに注意されたい．

式 (1.19) では $V_{GS} < V_T$ のとき負の電流が流れることになるが，実際にはそうならない．式の導出の際，チャネルが形成されることを前提に電荷密度 Q_c を求めたためである．また，

$V_{DS} > V_{GS} - V_T$ では電流が減少に転じる．式 (1.16) でも述べたように，実際のデバイスでは電流は減少することなく飽和し，多くの場合に緩やかに上昇する．

式 (1.19) の近似式ではキャリヤの飽和速度 $v_{\max}$ の効果は無視されている．そのため見掛け上，チャネル中で電荷密度 $Q_c = 0$ となる点で飽和し**ピンチオフ点**と呼ぶ．その電圧をピンチオフ電圧（**飽和電圧**）V_{sat} と呼ぶことは前節と同様である．$Q_c = 0$ の正確な条件を求めると，式 (1.14) と式 (1.15) に注意して

$$V_{sat} = V_{GS} - V_{t0} + \frac{\gamma^2}{2}\left(1 - \sqrt{1 + \frac{4(V_{GS} - V_{BS})}{\gamma^2}}\right) \tag{1.23}$$

のとき，ちょうどドレーン端でピンチオフすることが分かる．式 (1.19) の 2 次近似式では，この電圧は次式で与えられる．

$$V_{sat} = V_{GS} - V_T = V_{GS} - V_{t0} - \gamma\sqrt{2\phi_B - V_{BS}} \tag{1.24}$$

以上のようにグラジュアルチャネル近似に基づく完全ピンチオフモデルでの MOSFET の電圧電流特性の 2 次近似式は，次式のようにまとめられる．

$$I_d = \begin{cases} 0 & V_{GS} \leqq V_T \\ K_p \dfrac{W}{L}\left(V_{GS} - V_T - \dfrac{1}{2}V_{DS}\right)V_{DS} & 0 < V_{DS} < V_{GS} - V_T \\ \dfrac{K_p}{2}\dfrac{W}{L}(V_{GS} - V_T)^2 & V_{GS} - V_T \leqq V_{DS} \end{cases} \tag{1.25}$$

式 (1.25) は V_{DS} がゼロ付近の近似式であり，V_{DS} が大きい場合には図 **1.8** に示すように誤差が大きくなることに注意する必要がある．図 1.8 で実線は式 (1.16)，破線は式 (1.25) に対応する．

この誤差は，式 (1.22) において移動度における速度飽和現象を無視したことが主たる要因

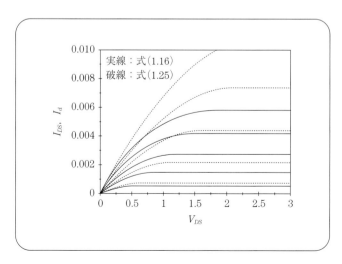

図 **1.8** 2 次近似式の近似度

で生ずる．それ以外の点で2次近似式は近似度がかなり高く実用上の問題は少ない．実際，K_p を求める際，μ_0 の代わりに高電界による速度飽和を考慮した実効的移動度を使った次式

$$K_p = \frac{\mu_0 C_o}{1 + \dfrac{\mu_0}{v_{\max}} \dfrac{V_{DS}}{L}} \tag{1.26}$$

を用いると近似度は大きく向上し，図 1.8 の例では両者の区別ができなくなる．ただし，V_{DS} に関する2次式ではなくなるため，解析的手法による回路設計には向かなくなる．なお，式 (1.26) はピンチオフ電圧以下で有効であることに注意されたい．つまり，ピンチオフ電圧以上の V_{DS} では式 (1.26) の V_{DS} にピンチオフ電圧を代入する必要がある．

アナログ回路設計では広い範囲の電圧電流特性が重要である．しかし，論理回路設計に限定すると，回路の動作速度は主として V_{DS} の大きい大電流領域の特性で定まる．そこで，式 (1.26) の V_{DS} にピンチオフ電圧の近似値として式 (1.24) を代入した次式

$$K_p = \frac{\mu_0 C_o}{1 + \dfrac{\mu_0}{v_{\max}} \dfrac{V_{GS} - V_T}{L}} \tag{1.27}$$

を用いると，**図 1.9** のようにほぼ大電流領域での特性を合わせることができる．図 1.9 では図 1.8 と同様に実線が式 (1.16) に対応し，破線が式 (1.27) の K_p を用いた式 (1.25) に対応する．式 (1.27) は V_{GS} の関数であるため，V_{DS} に関しては2次式となり，解析的な取扱いが容易となる[†]．

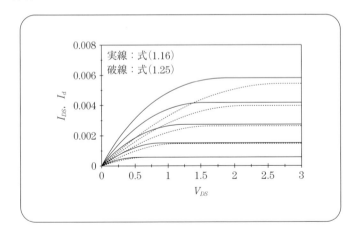

図 1.9　高電界移動度の
ピンチオフ電圧近似

[†] 1.5～1.7 節に述べるその他の2次的効果のため，最終的に精度の高いモデルはコンピュータによる数値モデルとなる．

1.5 垂直電界効果

キャリヤ移動度に関し速度飽和の効果があることを前節で述べたが，これは電流と平行な向きの電界に対する効果である．ゲート電極に近いチャネルでは電流の向きと直交するゲート電界が存在する．これは BJT のベース中とは大きく異なる点である．この垂直電界のために移動度は低下することが知られている．垂直電界の大きさはチャネルの場所により異なるため，厳密にいえば式 (1.14) の積分のとき考慮する必要がある．しかし，解析的積分が困難となることから，通常は近似的に次式で表す．

$$\mu = \frac{\mu_0}{1 + \theta(V_{GS} - V_T)} \tag{1.28}$$

ここで，θ は垂直電界効果を表すパラメータである．垂直電界効果と速度飽和（水平電界効果）を同時に考慮するには，この μ をあらためて式 (1.11) 以下の各式における μ_0 と考えればよい．

1.6 チャネル長変調効果

これまでは主としてドレーン電圧がピンチオフ電圧以下の範囲の特性について述べてきた．ピンチオフ電圧以上は単に飽和するとして議論したが，実際には徐々に電流が増加する．ピンチオフ電圧については $v_{\max}$ を考慮した場合と，十分大きいとした場合とでそれぞれ式 (1.18) と式 (1.23) で与えられ，また 2 次近似式では簡単に式 (1.24) で与えられた．

ピンチオフ電圧 V_{sat} 以上の V_{DS} が加えられると，実際のデバイスではその電圧に対応してピンチオフ点がドレーン端からソース方向へ移動し，実効的チャネル長が L より短くなる現象が見られる．これは $V_{DS} - V_{sat}$ に対応する空乏層がドレーン近傍に発生するためであり，その空乏層の長さ δL は 1 次元近似の下で式 (1.5) と同様にして求められる．ただし，ここでは電界の x 方向成分だけを考えている．

$$\delta L = \sqrt{\frac{2\varepsilon_{\text{Si}}(V_{DS} - V_{sat})}{qN_a}} \tag{1.29}$$

式 (1.29) はあくまでも一つの近似式である．元々グラジュアルチャネル近似ではゲート電極に垂直方向の電界だけを考慮しているのに対し，式 (1.29) では反対にゲート電極に平行な方向の電界だけを考慮している．そのため，両者を結合して議論することはやや強引な近似といえる．そこで，実際には δL が $V_{DS} - V_{sat}$ に比例するものとし，その比例係数を実測データに合わせることが多い．つまり，チャネル長変調係数を λ として次式で近似する．

$$\frac{\delta L}{L} = \lambda(V_{DS} - V_{sat}) \tag{1.30}$$

$V_{DS} = V_{sat}$ のときのドレーン電流（ピンチオフ電流）を I_{sat} とすると，上記のチャネル長変調モデルでの飽和領域電流は

$$\begin{aligned}
I_{DS} &= \frac{\mu(V_{sat}/(L-\delta L))}{\mu(V_{sat}/L)} \frac{L}{L-\delta L} \cdot I_{sat} \\
&\cong \frac{I_{sat}}{1 - \lambda'(V_{DS} - V_{sat})} \\
&\cong I_{sat}\{1 + \lambda'(V_{DS} - V_{sat})\}
\end{aligned} \tag{1.31}$$

ここで，λ' は移動度における速度飽和現象を考慮した変調係数であり，速度飽和を考えない場合には λ と一致する．

1.7 サブスレショルド電流

前節までのモデルでは，ゲート電圧 V_{GS} がしきい電圧 V_T 以下において電流は完全にゼロであるというモデルであった．これはグラジュアルチャネルモデルにおけるチャネルキャリヤ電荷が静電気学的釣合いによって決定されるとしたこと，及び電流の流れるメカニズムが電界によるドリフト電流のみとしたことによる．実際のデバイスでは，V_{GS} が V_T 以下でも熱力学的キャリヤの励起と拡散メカニズムによりわずかではあるが電流が流れる．この電流を**サブスレショルド電流** I_{sub} と呼ぶ．I_{sub} は熱励起電流であるためデバイス温度に強く依存する．結果を示すと

$$I_{sub} = \frac{K_p W S}{L}\left(\frac{kT}{q}\right)^2 \exp\left(\frac{qS}{kT}(V_{GS} - V_T) + \frac{qB}{kT}V_{DS}\right) \tag{1.32}$$

$$S = \frac{\dfrac{\varepsilon_{ox}}{t_{ox}}}{\dfrac{\varepsilon_{ox}}{t_{ox}} + \sqrt{\dfrac{\varepsilon_{\text{Si}} q N_a}{2(2\phi_B - V_{BS})}}} \tag{1.33}$$

$$B = \frac{\dfrac{\varepsilon_{\text{Si}}}{L}}{\pi \dfrac{\varepsilon_{ox}}{t_{ox}}} \tag{1.34}$$

ここで, k はボルツマン定数, T は絶対温度であり, kT/q が熱励起, つまり熱起電力に相当する. この式は V_{DS} が kT/q 程度より大きい範囲で, かつ V_{GS} が V_T より小さい範囲で成立する式である. V_{DS} が kT/q 程度以下では徐々にゼロに近付く. 式中, 二つのパラメータ S と B が定義されているが, それぞれ**サブスレショルド定数**, **ドレーン誘導バリヤ低減定数**と呼ぶ. それぞれゲート電圧とドレーン電圧がソース近傍のチャネル電位 $V(0)$ に対して与える影響を表す無次元量である. 前者はゲート酸化膜容量とチャネル基板間の空乏層容量との比, 後者は 2 次元効果を考慮したゲート酸化膜容量とソース–ドレーン間容量の比に基づいて定義されている. 熱励起であるため I_{sub} は $\exp(qV(0)/kT)$ に比例することに注意すれば定性的に式 (1.32) を理解できよう.

図 1.10 は, 典型的なサブスレショルド電流を示したものである. これは単に式 (1.32) と式 (1.25) を接続しただけであるため, V_T 付近でやや不自然な特性が見られるが, 実際は滑らかな特性となる. なお, サブスレショルド領域で電流が 1 桁変化するのに要するゲート電圧の変化量を**サブスレショルドスロープ**（または**スイング**）と呼び, 同じく S で表すことが多いので注意する必要がある. 最も急峻なサブスレショルドスロープは式 (1.33) の S が 1 のときであり, 室温で約 60 mV 程度である. デバイスの温度を下げない限り, この値より小さくはできない.

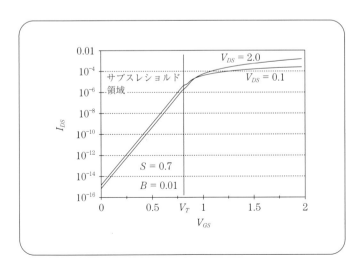

図 1.10　サブスレショルド電流

図 1.10 はサブスレショルド電流の説明の都合上，しきい電圧が比較的高い場合の特性を示している．現在の LSI では電源電圧の低下に伴い，しきい電圧 V_T が低下し，I_{sub} は相対的に増加傾向にある．これは，後章で述べる動作時以外は電流消費がほとんどないとされた CMOS においても，図の y 軸との交点で示される非動作状態の電流，つまりオフ電流の急激な増加に直結しており，大きな問題となっている．

本章のまとめ

❶ **MOS 構造**　LSI 中のトランジスタの基本構造であり，金属・酸化物・半導体の積層構造を指す．

❷ **MOSFET**　MOS 構造による電界効果トランジスタであり，電流が流れるソース電極とドレーン電極，電流を制御するための電圧がかかるゲート電極と基板（バックゲート）電極の四端子素子である．

❸ **しきい電圧**　MOSFET のドレーン–ソース間に電圧を加えていくとチャネル領域が反転して電気伝導性を持つようになるが，その最小のゲート–ソース間の電圧を指す．しきい電圧は基板（バックゲート）–ソース間の電圧によって変調される効果（基板バイアス効果）がある．

❹ **グラジュアルチャネルモデル**　MOSFET の電圧電流特性を，チャネル方向の電界が小さいと近似的にした電荷分布を基に導出する計算手法であり，シリコン基板中の固定電荷まで考えることで非線形な式が導かれる．

❺ **MOSFET の電圧電流特性の 2 次近似式**　ゲート–ソース間電圧がしきい電圧より大きい場合，ドレーン–ソース間に電圧を掛ければ電流が流れ，その電流特性は非線形であるが，近似的には電圧の 2 次関数で表現される．

❻ **サブスレショルド電流**　ゲート–ソース間電圧がしきい電圧より小さい場合，基本的には電流はほとんど流れないものの，ごく微量の電流が流れ，ソース–ゲート間電圧の指数関数で近似できる．

❼ **チャネル長変調効果**　MOSFET のドレーン–ソース間電流は，理想的にはある電圧以上ではほぼ一定になる性質があるが，実際にはドレーン–ソース間電圧によって実効的チャネル長が変調される結果，電流は電圧の上昇とともに徐々に増加する．

2 CMOS インバータ

　LSI を構成する論理回路の最も基本的単位はインバータである．nMOS と pMOS の FET が利用できる場合，定常状態で電流をほとんど消費しない相補型（complementary MOS, CMOS）の回路を構成できる．インバータ型回路群は入力信号の増幅回路としての機能を持っており，減衰した信号を回復する機能があるため，安定した論理回路動作には必須の要素である．

　本章では，CMOS インバータ回路の基本特性について述べる．

2.1 CMOSインバータ回路

図 2.1 (a) は CMOS インバータの回路である．図 (b) に示すように電源 (V_{DD})–出力間を pFET 網 (プルアップ網)，出力–接地間を nFET 網 (プルダウン網) で接続し，一方が ON のとき他方が OFF となるよう相補的に ON–OFF するように設計した回路を，一般に**インバータ型回路**と呼ぶ．ここで，nFET と pFET はそれぞれ nMOSFET と pMOSFET を表す．基板となる半導体が p 型であるとき nMOSFET となり，反対に n 型基板の場合は pMOSFET となる．1 章で説明した MOSFET は nMOSFET であるが，pMOSFET の場合は，電圧及び電流の極性がすべて逆となる．

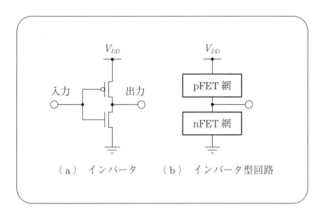

図 2.1　CMOS インバータとインバータ型回路．基板端子を省略した場合は $V_{BS}=0$ と仮定している．

通常，nFET (pFET) のしきい電圧は V_{DD} より小さい ($-V_{DD}$ より大きい)．そのため CMOS インバータでは入力が接地レベル (0 レベル) の場合，pFET が導通し nFET は非導通となり，出力は V_{DD} レベル (1 レベル) となる．反対に入力が V_{DD} レベル (1 レベル) の場合，nFET が導通し pFET は非導通となり，出力は接地レベル (0 レベル) となる．このように入力の 1/0 論理レベルを反転する機能を持ち**インバータ**と呼ばれる．ここで，nFET 及び pFET のそれぞれ接地側と V_{DD} 側はソース，出力側はドレーンであることに注意されたい[†]．インバータは入力の 1/0 論理レベルを反転する機能とともに，電気的に減衰した信号を再び V_{DD} レベルや接地レベルに回復させる増幅特性を持っている．

---

† 一般に，図 2.1 (b) の任意のインバータ型回路においても「すべてのゲート入力が 0 レベル」なら出力は 1 レベルとなり，「すべてのゲート入力が 1 レベル」なら出力は 0 レベルとなることが容易に示される．

図 2.2 は，CMOS インバータの入出力特性を示したものである．図中の①から⑤までの五つの領域はそれぞれ

① pFET が線形領域，nFET が OFF（$0 \leq$ 入力 $< V_{Tn}$）
② pFET が線形領域，nFET が飽和領域（$V_{Tn} \leq$ 入力 $< V_{inv}$）
③ pFET が飽和領域，nFET が飽和領域（入力 $= V_{inv}$）
④ pFET が飽和領域，nFET が線形領域（$V_{inv} <$ 入力 $\leq V_{DD} - |V_{Tp}|$）
⑤ pFET が飽和領域，nFET が OFF（$V_{DD} - |V_{Tp}| <$ 入力 $\leq V_{DD}$）

の各動作領域を示している．

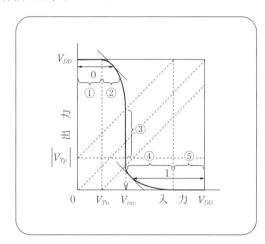

図 2.2 CMOS インバータの入出力特性

この図から，入力が①あるいは⑤の領域にあれば，どちらか一方の FET が OFF であるため定常電流が流れないことが分かる．これは CMOS 回路の重要な特徴であり，図 2.1(b) のインバータ型回路にも共通する特徴である（ただし，サブスレショルド電流は流れる）．また，各 FET の飽和特性が理想的な場合には，③の領域の傾きは垂直となり，良好な増幅特性を与えることを次節で述べる．

2.2 CMOS インバータの論理しきい値

CMOS インバータの論理しきい値 V_{inv} は，図 2.2 のインバータの入出力伝達特性において「入力と出力が一致する電圧」として定義される．信号が V_{inv} より高い場合が論理 1 であり，低い場合が論理 0 と判断される．CMOS インバータを（出力を次段の入力へと）縦続接

続した場合，V_{inv} より高い（低い）信号は段を追うごとに V_{inv} より「より低い（高い）」信号となり，最終的に接地レベルあるいは V_{DD} レベルに収束する．これを**信号回復機能**と呼ぶ．この機能は図 2.2 において，V_{inv} での傾き（微分ゲイン）が 1（0 dB）以上の増幅作用に由来する．

安定した論理動作には信号に雑音が重畳することを考慮しなければならない．図 2.2 の入出力特性上，微分ゲインが 0 dB 以上の V_{inv} 近傍の領域では雑音も「増幅」され，論理動作が不安定となる．そのため図の二つの水平矢印で示す，微分ゲインが 0 dB 以下の領域であることが望ましい．この二つの矢印の領域（0 及び 1）と V_{inv} とのギャップ（0 及び 1）を**雑音余裕（ノイズマージン）**と呼ぶ．なお，たとえこの安全な領域に信号があっても，CMOS インバータの定常電流は必ずしも無視できないことに注意されたい．定常電流を考慮した場合の安全な 0 及び 1 の信号レベルは①及び⑤の領域であり，更にサブスレショルド電流をも考慮するなら，限りなく接地レベルあるいは V_{DD} レベルとすることが必要である．

定義より，V_{inv} は，図 **2.3** (a) に示すとおり，図 (b) のようにインバータの入力と出力を短絡した場合の出力電圧である．

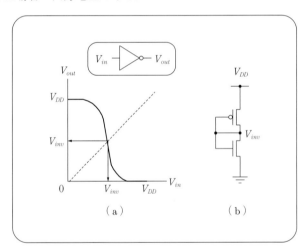

図 **2.3** インバータの論理しきい値

この条件（領域③）では，nFET と pFET も飽和領域で動作していることに注意して，nFET と pFET に対し式 (1.25) の 2 次近似式を用い，両者の電流が等しいとして計算すると次式を得る．

$$V_{inv} = \frac{\sqrt{\frac{\beta_n}{\beta_p}} V_{Tn} - |V_{Tp}| + V_{DD}}{\sqrt{\frac{\beta_n}{\beta_p}} + 1} \tag{2.1}$$

ここで，nFET については

$$I_D = \begin{cases} \beta_n\Big((V_{GS} - V_{Tn})V_{DS} - \frac{1}{2}V_{DS}^2\Big), & V_{DS} < V_{GS} - V_{Tn} \\ \frac{1}{2}\beta_n(V_{GS} - V_{Tn})^2, & V_{DS} \geq V_{GS} - V_{Tn} \end{cases} \quad (2.2)$$

を用いている．β_n はトランジスタゲインと呼ばれ，MOSFET の形状などで決まる定数であり，V_{Tn} は nFET のしきい電圧である．n 型半導体の電子移動度を μ_n，ゲート-チャネル間の平行平板モデルによる単位面積当りの静電容量を C_0，ゲート幅を W，チャネル長を L とすると，式 (1.22), (1.25) と式 (2.2) を比較して，次式で与えられる．

$$\beta_n = \frac{\mu_n C_0 W}{L} = \frac{\mu_n C_g}{L^2} \quad (2.3)$$

式中，第 2 の等号はゲートの静電容量 C_g（$\equiv C_0 L W$）を用いて書き換えたものである．L, W, C_g は LSI 設計者が設計規則の範囲内で調整できるパラメータであるが，他は製造プロセスや材料特性によって定まる定数である．pFET については電圧電流の符号を負とし，n 型に固有の定数である V_{Tn}, β_n, μ_n をそれぞれ V_{Tp}, β_p, μ_p とすれば，式 (2.2) と式 (2.3) がそのまま成立する．

CMOS では，nFET のしきい電圧 V_{Tn} と pFET のしきい電圧の絶対値 $|V_{Tp}|$ とはほぼ等しくすることが多い．そこで，トランジスタゲイン β_n, β_p も等しければ V_{inv} は $V_{DD}/2$ と

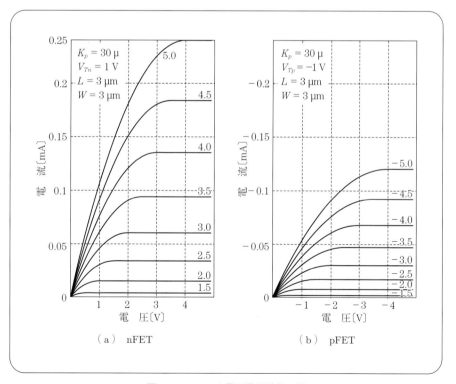

図 2.4 FET の電圧電流特性の例

なることが分かる．図 2.4 は nFET と pFET の電圧電流特性の例であるが，通常，pFET のプロセスゲインは nFET の約半分程度であるため，V_{inv} を $V_{DD}/2$ とするには pFET の幅 W を nFET の約 2 倍にする必要がある．こうすることで，次節で説明するように，立上り時間と立下り時間も等しくなる．なお，図 2.2 の領域②及び④の曲線については，nFET と pFET の対応する電圧–電流理論式を連立させることで求められる．

2.3 CMOSインバータの遅延時間

FET は非線形素子であるため，CMOS インバータの遅延時間を解析的に取り扱うことは一般には困難であるが，電圧電流特性の 2 次近似式を用いることで解析的に扱える．インバータは LSI の中では簡単な回路であるが，一般の LSI の動作を考える上で本質的部分を多く含んでおり，体系的に LSI 全体の動作に対する洞察を得ることができる．以下，インバータ遅延時間 τ_d は，通常同種のインバータによって駆動された場合に「入力が論理しきい値に達してから出力が論理しきい値に達するまでの時間」として定義する．この τ_d は通常，LSI の中のあらゆる論理ゲートにおける最も小さな遅延となり，LSI 動作の「時間の単位」として考えることができる．

図 2.5 は，CMOS インバータのプルダウン・プルアップ動作の等価回路を示したものである．両者は，動作の上では対称であり，以下ではプルダウン動作（図 (a)）について考える．nFET のドレーン電流，ドレーン–ソース間電圧，ゲート–ソース間電圧をそれぞれ I_D，V_{DS}，V_{GS} とし，電圧電流特性を，一般に $I_D = f(V_{DS}, V_{GS})$ と置くと，プルダウン動作は次式の微分方程式で表される．

$$C \frac{dV_{out}}{dt} = -f(V_{out}, V_{DD}) \tag{2.4}$$

ここで，V_{out} はインバータの出力電圧，C は寄生容量を含む負荷容量である．この微分方程式から次式を得る．

$$\int_{V_{out}}^{V_1} \frac{dV}{f(V, V_{DD})} = \frac{1}{C} \int_0^t d\tau = \frac{t}{C} \tag{2.5}$$

ここで，出力電圧の初期値を $V_{out}(0) = V_1$ としている．式 (2.5) から $V_{out}(t)$ の逆関数 $t(V_{out})$ を得る．

2.3 CMOS インバータの遅延時間

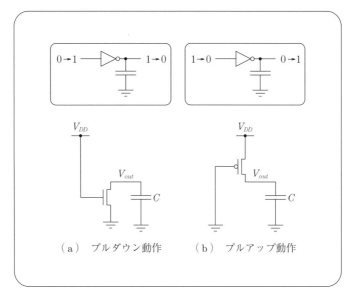

図 2.5 CMOS インバータのプルダウン・プルアップ動作の等価回路

$$t(V_{out}) = C \int_{V_{out}}^{V_1} \frac{dV}{f(V, V_{DD})} \equiv C \times R_e \tag{2.6}$$

式 (2.6) は，インバータの遅延時間が**図 2.6** のように，(電圧)–(電流)$^{-1}$ 特性の対応する電圧区間を積分して得られることを意味している．つまり，出力電圧の $V_1 \to V_0$ 変化に要する時間は，ドレーン電流特性の逆数を電圧区間 $[V_0, V_1]$ で積分し，負荷容量を乗ずればよい．図から分かるように，出力電圧 V_{out} がゼロに近付くにつれ，この積分は発散する†．つまり，出力電圧 V_{out} は完全にゼロに到達することはないが，大まかな時間応答波形は**図 2.7** のように指数関数的にゼロに漸近する．なお，式 (2.6) に示している R_e はドレーン電流の逆数の定積分であるが，これを**等価線形抵抗**と呼ぶ．等価線形抵抗を用いれば，時間は容量と抵抗の積，つまり時定数となる．

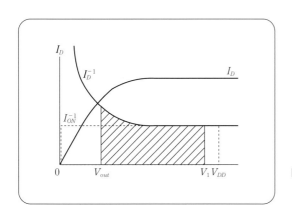

図 2.6 遅延時間と電圧電流特性との積分関係

---

† I_D^{-1} は V_{out} のゼロ付近（線形領域）では，ほぼ V_{out}^{-1} に比例して増大するためである．

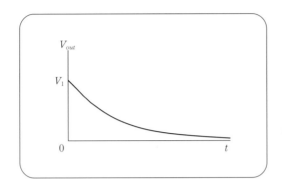

図 2.7 インバータのプルダウン特性, 時間応答波形

2.3.1 立上り時間 τ_r, 立下り時間 τ_f

式 (2.2) の電圧電流特性を式 (2.6) の関数 f に当てはめ, 出力電圧 V_{out} が V_{DD} の 90% から 10% まで変化する時間 τ_f を求めることができる. これを**立下り時間**と呼ぶ. 簡単のため, nFET のしきい電圧をおよそ V_{DD} の 10% 程度とすれば, FET は線形領域で動作するとしてよく, 次式を得る[†1].

$$\tau_f = \frac{C}{\beta_n} \int_{0.1V_{DD}}^{0.9V_{DD}} \frac{dV}{(V_{GS} - V_{Tn})V - V^2/2}$$
$$= \frac{C}{\beta_n} \int_{0.1V_{DD}}^{0.9V_{DD}} \frac{dV}{(0.9V_{DD} - 0.5V)V} = \frac{2C}{\beta_n V_{DD}} \int_{0.1}^{0.9} \frac{dv}{(1.8 - v)v}$$
$$\approx \frac{3C}{\beta_n V_{DD}} \tag{2.7}$$

同様に, インバータの 10% から 90% までの**立上り時間** τ_r は次式で与えられる.

$$\tau_r \approx \frac{3C}{\beta_p V_{DD}} \tag{2.8}$$

式 (2.7) や式 (2.8) より「遅延時間は電源電圧に反比例し負荷容量に正比例する」といえる. これはインバータに限らず CMOS 回路に共通する特徴である. また, 式 (2.7) と式 (2.3) から次式を得る.

$$\tau_f \approx \frac{3C}{\beta_n V_{DD}} = \frac{3\tau_e C}{C_g}, \qquad \tau_e \equiv \frac{L^2}{\mu_n V_{DD}} \tag{2.9}$$

ここで, C_g は FET のゲート容量である. 式より微細加工技術の進展によるチャネル長 L の短縮が高速化に効果があり, 相対負荷容量 (C/C_g) が遅延を決めることが分かる. FET の基準となる容量 C_g と負荷容量との比 (C/C_g) を**ファンアウト係数**と呼ぶ[†2]. 論理回路では, 決められた電源電圧の下で許容される最小の L を用いることが多い. この場合, 式 (2.9) から

[†1] FET のしきい電圧がこれより大きい場合は, 飽和領域と線形領域を分けて積分する.
[†2] LSI 設計では C_g ではなく, 最小インバータの入力容量を比の基準とすることが多い.

分かるように,ファンアウト係数が遅延時間を決める重要な要素となる.なお,τ_e は nFET の**電子走行時間**と呼ばれる基本時間であり,電子のソースからドレーンへの移動に要する時間である[†].

2.3.2 立上り時間・立下り時間の目安

インバータの立上り時間・立下り時間を概算したい場合がある.図 2.6 のハッチングされた面積を 10〜90%の区間積分する代わりに,破線で示される矩形の面積で代用する場合がある.この近似を用いると,遅延時間 τ_{on} は簡潔に

$$\tau_{on} = \frac{CV_{DD}}{I_{ON}} \tag{2.10}$$

となる.ここで,I_{ON} は FET のゲート–ソース間とドレーン–ソース間をともに V_{DD} としたときの電流である.この近似式は簡便であるが,FET が良好な飽和特性を有する必要があり,適用には注意が必要であるが,一つの目安といえる.

2.3.3 インバータ遅延 τ_d

LSI 回路中のインバータでは,図 2.8 に示すように,入力は 0 と V_{DD} 間の理想的ステップ信号ではなく,ある傾きを持つ信号である.そのため,実際の立下り時間や立上り時間は,式 (2.7) や式 (2.8) の τ_f,τ_r とはやや異なる.しかし,経験的に図に示すように,前段のイ

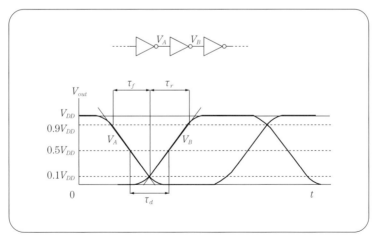

図 2.8 インバータチェーンの出力波形と遅延時間

[†] 移動度の定義より,電子の平均的移動速度は $\mu_n(V_{DD}/L)$ となることに注意されたい.

ンバータ出力 V_A が V_{DD} の 10%程度まで下降したとき，次段のインバータ出力 V_B が V_{DD} の 10%付近まで上昇するとして近似することが多い．そのため，10～90%の区間では入力が十分ゼロまたは V_{DD} に近いと近似でき，上述の τ_f, τ_r を用いても差し支えない．更に，図に示す関係からインバータの入出力が 50%–50%のときの**インバータ遅延時間** τ_d は

$$\tau_d = \frac{\tau_f + \tau_r}{2} \tag{2.11}$$

つまり，立上り時間と立下り時間の平均値で推定できることが分かる．

2.4 nFET・pFETの対称性

等しい幅の nFET と pFET を用いて CMOS インバータを構成した場合（寸法対称），$\beta_n : \beta_p \approx 2 : 1$ と仮定すると，インバータしきい値 V_{inv} は V_{DD} の約 40%となる．論理信号の雑音マージンを考慮するとき，V_{inv} は V_{DD} の 50%がより好ましい．しかし，そのためには nFET の幅を pFET の幅の 1/2 倍とする必要がある（β 対称）ため，LSI 上の面積や後述の消費電力の点では不利となることがあり，必ずしも 50%にこだわる必要はない．一方，寸法対称の CMOS インバータでは，立上り時間と立下り時間にも 2 : 1 の非対称性が生ずる．そのため，信号遷移の対称性を必要とする場合は β 対称とすることが必要である[†]．

しかし，論理 LSI の内部では信号推移の対称性を過度に意識してもあまり得るものはない．

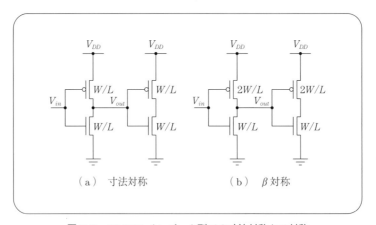

図 2.9　CMOS インバータ列での寸法対称と β 対称

[†] 高速シリアルインタフェースなどがその例である．

図 2.9(a) のように，寸法対称の CMOS インバータを 2 段接続した場合と，図 (b) のように β 対称の場合とで，インバータ遅延時間を求めてみる．式 (2.11) の負荷容量が nFET と pFET のゲート容量の和であるとし，他の寄生容量を無視すると図 (a) の場合は $C = 2C_0 LW$，図 (b) の場合は $C = 3C_0 LW$ となる．そこで，式 (2.7)，(2.8) 及び式 (2.9) を用い，おのおのの遅延時間は

$$\left.\begin{aligned}
\text{図 (a) の場合} \quad \frac{\tau_f + \tau_r}{2} &= \frac{1}{2V_{DD}} \left(\frac{6C_0 LW}{\beta_n} + \frac{6C_0 LW}{\beta_p} \right) \\
&= \frac{1}{V_{DD}} \left(\frac{3L^2}{\mu_n} + \frac{3L^2}{\mu_p} \right) \approx \frac{9L^2}{\mu_n V_{DD}} \\
\text{図 (b) の場合} \quad \frac{\tau_f + \tau_r}{2} &= \frac{1}{2V_{DD}} \left(\frac{9C_0 LW}{\beta_n} + \frac{9C_0 LW}{\beta_p} \right) \\
&= \frac{1}{V_{DD}} \left(\frac{9L^2}{2\mu_n} + \frac{9L^2}{4\mu_p} \right) \approx \frac{9L^2}{\mu_n V_{DD}}
\end{aligned}\right\} \quad (2.12)$$

となり，両者の差はないことが分かる．ここで，$\mu_n \approx 2\mu_p$ と仮定している．

2.5 CMOSインバータ型ゲートの遅延時間の目安

前節で述べたように，CMOS インバータの遅延時間は電圧電流特性の 2 次近似式の下で解析

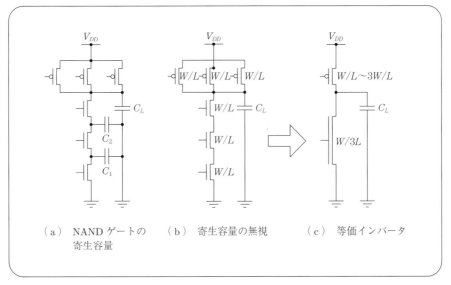

(a) NAND ゲートの寄生容量　　(b) 寄生容量の無視　　(c) 等価インバータ

図 2.10　NAND ゲートの等価インバータ近似

的に取り扱える．一般のインバータ型ゲート回路ではFETの直並列回路があるため，取扱いは複雑となるが，遅延時間の目安は**図2.10**のように「等価インバータ近似」で得られる．これは，FETの直並列回路を一つの等価なFETで置き換える近似法である．図(a)の例に示すように，NANDゲート回路では出力負荷C_Lのほかに直列nFETの中間ノードに寄生容量が存在するが，出力負荷容量C_Lが相対的に大きな場合は，これらを無視することができる（図(b)参照）．中間ノード寄生容量を無視すると，幅Wの等しい3個の直列トランジスタは「幅がWでゲート長が$3L$の1個のnFET」と考えてよい（図(c)参照）．結果として，プルダウン側の等価ゲート長は長くなり（等価βは1/3），立下り時間の制約があれば必要に応じ，各幅Wを大きくする．

一方，プルアップ側は入力に応じて1～3個のpFETがオンする．等価pFETのゲート幅とゲート長の比は$W/L \sim 3W/L$と考えればよい．したがって，入力条件によって立上り時間が異なってくるが，これはCMOSインバータ型回路の本質的性質である．最悪条件では，等価βが最小の「W/LのpFET」と考えて解析すればよい[†]．

2.6 インバータによる大容量負荷の駆動

式(2.9)に示したように，ファンアウト係数が大きい場合にはインバータ遅延はそれに応じて大きくなる．遅延を小さくするにはβの大きいFETを用いることになるが，FETのゲート容量も大きくなるため，前段の遅延時間が大きくなってしまう．そのため「出力回路を駆動するバッファ回路」が必要になってくる．この関係は**図2.11**(a)のように連鎖的となる．つまり，徐々に大きなインバータを駆動し，最終段が大きな負荷容量を駆動することになる．ここで，**等価駆動抵抗**（$3/\beta V_{DD}$）を定義する．定義より等価駆動抵抗とその負荷容量の積が，その段の遅延時間となる．ここで，βはnMOSとpMOSの「平均的」値を用いるものとする．

1段目の等価駆動抵抗と入力容量を，それぞれR_UとC_Uとし，インバータチェーンのFETの幅が等比αで徐々に大きくなっているとすると，$(k+1)$段目の入力容量と等価駆動抵抗は図(b)のように$\alpha^{-k}R_U$と$\alpha^k C_U$となる．

段数をnとしたときの最終負荷を

$$C_L = \alpha^n C_U \tag{2.13}$$

[†] 直列FETを内包するCMOSインバータ型回路では，その直列数におよそ反比例して等価βが低下し，動作時間も低下する．中間ノードの寄生容量が無視できない場合は，3章で示すように動作時間は寄生容量の分だけ，より悪化する．

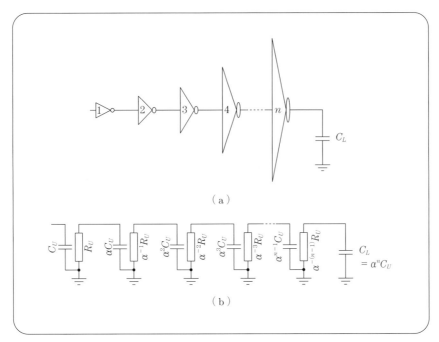

図 2.11 インバータチェーン

とする．各段のインバータの遅延時間は等価駆動抵抗と次段の入力容量との積で与えられ，一定値 $\alpha R_U C_U$ となる．その結果，インバータチェーン全体の遅延時間は $n\alpha R_U C_U$ で与えられる．

章末の問 2.6 の結果からも分かるように，大負荷容量 C_L の駆動に対しては「ファンアウト数 $N \equiv C_L/C_U$ の場合，基準インバータ遅延（$R_U C_U$）の少なくとも $e\log_e N$ 倍の遅延時間ペナルティを払う必要がある」ことが分かる．負荷容量の大きな長い配線の駆動やチップ間通信ではこのペナルティが大きくなるため，高速 LSI 設計では可能な限り「局所通信」で処理を実現し，特に 1 チップ内で処理を完結するよう心掛ける必要がある．

2.7 CMOSインバータの消費電力

図 2.5 に示したように，インバータの出力が 0 から 1 に変化するとき（図 (b) 参照），電源（V_{DD}）から負荷容量 C を充電するための電流が流れ，出力が 1 から 0 に変化するとき（図 (a) 参照），負荷容量 C の放電電流が接地へ流れる．このように出力が 0 と 1 の間を 1 サイク

ル変化するごとに，電源（V_{DD}）から接地側へ電荷（CV_{DD}）が流れ，エネルギー（CV_{DD}^2）が消費される．したがって，出力が f〔Hz〕で変化した場合の電力消費 P_D は

$$P_D = CV_{DD}^2 f \tag{2.14}$$

の電力が消費される．これを**ダイナミック消費電力**と呼ぶ．計算の過程から分かるように，この消費電力はインバータだけでなく，CMOS インバータ型回路に共通する．

一方，チャネル長が短い先端 LSI では，nFET，pFET ともにゲート–ソース間電圧 V_{GS} が 0 であっても，リーク電流（漏れ電流）が無視できない．このリーク電流は，出力が変化しない場合にも定常的に消費される電力であり，**スタティック消費電力** $P_S (= V_{DD} I_{LEAK})$ と呼ばれる．ここで，I_{LEAK} が回路のリーク電流である．CMOS インバータの消費電力は $P_D + P_S$ となる．

更に，CMOS インバータ型回路では図 2.2 の説明でも分かるように領域②，③，④では nFET，pFET ともに導通状態にある．そのため，入力信号が 0 と 1 の間を遷移する時間が遅ければそれに応じて遷移ごとに「貫通電流」が流れ，そのための電力消費が生ずる．この分の消費電力は，入力が急峻なほど，言い換えると（出力の負荷容量が大きく）出力の遷移が入力の遷移に比べ遅いほど少なくなる[†]．

本章のまとめ

❶ **CMOS インバータ型回路**　　出力と接地とを nFET 網，出力と電源とを pFET 網で接続した回路である．最も簡単なものがそれぞれ一つの nFET と pFET で構成されたインバータであり，入力の論理 1/0 を論理（0/1）にする論理機能を持つ．また，増幅作用により減衰した信号を回復する機能を併せ持つ．

❷ **インバータの論理しきい値**　　インバータ入力レベルが出力レベルに一致する電圧である．nFET と pFET のトランジスタゲインを調整することでこの値も変動する．

❸ **インバータの遅延時間**　　負荷容量に比例し，トランジスタゲインと電源電圧の積にほぼ反比例する．論理回路で最も小さな遅延時間であるため，時間の単位にも用いられる．

❹ **インバータ型回路の遅延時間**　　nFET や pFET が N 個直列接続された回路の遅延時間の大まかな目安は，負荷容量が同じ場合，インバータの遅延時間の N 倍である．

[†] 出力遷移が遅ければ，出力電圧が図 2.2 の領域①あるいは⑤にある間に，入力がゼロあるいは V_{DD} となるためである．

❺ **大容量負荷の駆動**　インバータを縦続接続して大容量負荷を駆動する場合は，等比数列的駆動力（トランジスタゲイン）のインバータ列を用い，その比をおよそ 3 倍程度とすることで遅延を最小化できる．

❻ **CMOS インバータ型回路の消費電力**　負荷容量 × 電源電圧の 2 乗 × 動作周波数で決まるダイナミックとリーク電流で決まるスタティック電力がある．また，入力の変化が出力変化に比較して急峻でないときには，貫通電流に由来する電力が加わる．

―――●理解度の確認●―――

問 2.1 出力電圧 V_{out} がゼロ付近で I_D^{-1} が V_{out}^{-1} に比例するとして，時間 t が大きい領域で $V_{out} \propto e^{-\alpha t}$ となることを説明せよ．

問 2.2 式 (2.7) の手法に準じ，出力電圧が V_{DD} から $V_{DD}/2$ まで変化する時間を求めよ．ただし，FET のしきい電圧は $V_{Tn} = 0.1 V_{DD}$ とせよ．

問 2.3 負荷として同じ大きさのインバータを接続した場合の立上り時間 τ_r と立下り時間 τ_f を，電子走行時間 τ_e 及びホール走行時間 τ_h ($\equiv L^2/\mu_p V_{DD}$) を用いて表せ．ただし，nFET と pFET のゲート寸法は等しいとし，ゲート容量以外の寄生容量を無視してよい（ヒント：nFET と pFET のゲート容量の和である $2C_g$ を負荷容量 C としてよい）．

問 2.4 問 2.3 の結果を用いて，インバータの立上り時間 τ_r と立下り時間 τ_f の平均値を $L = 0.1\,\mu\text{m}$, $V_{DD} = 1.5\,\text{V}$, $\mu_n = 100\,\text{cm/V·s}$, $\mu_p = 50\,\text{cm/V·s}$ として求めよ．

問 2.5 図 2.12 (a) のように nFET が $2W/L$，pFET が W/L の 2 入力 NAND を用いて NAND チェーンを構成すると，図 (b) のように nFET と pFET がともに W/L の

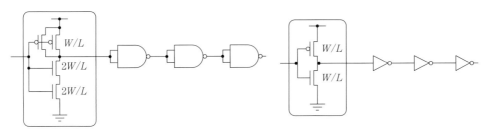

（a）NAND ゲート遅延　　　　　　　　　　（b）インバータ遅延

図 2.12　NAND ゲート遅延とインバータ遅延の比較

インバータチェーンに比べて遅延時間は何倍となるか．ただし，nFET と pFET の
プロセスゲインは $K_P^n \approx 2K_P^p$ とせよ．

問 2.6 式 (2.13) の制約下で，インバータチェーン全体の遅延時間 $\tau_{opt} = n\alpha R_U C_U$ を最小
とする α_{opt} が自然対数の底 $e = 2.71828\cdots$ となり，$\tau_{opt} = eR_U C_U \log_e(C_L/C_U)$
となることを証明せよ（これを **C. Mead** の e 倍の定理と呼ぶ）．

3 線形回路の遅延モデル

　集積回路の素子はFETや接合容量など非線形素子が多く，それらが複雑に接続された回路網となっている．そのため，遅延時間などを解析的に取り扱うことは一般に困難な場合が多く，精密な評価には回路シミュレーションのようなコンピュータを用いた数値解析が必要となる．

　しかし，回路設計の指針や遅延時間に対する大まかな洞察を得るためにも解析的評価手法は重要であり，そのため非線形素子を一定の仮定の下で線形素子近似することが行われる．

　本章では，そのようにしてモデル化される線形回路網の遅延解析とその応用例を述べる．

3.1 エルモアの遅延モデル

すべてのノードの容量が対地容量である図 3.1 の RC 線形ネットワークを考えよう．スイッチ SW を閉じたとき，各ノード電位はしだいに放電しゼロに収束する．このときの放電時間の最悪条件は，「初期状態ですべてのノード容量が最大電圧 V_{DD} に充電されている」場合である．

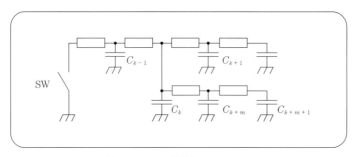

図 3.1 RC 線形ネットワーク

時刻 $t=0$ でスイッチ SW を閉じた後，図 3.2 のように RC 線形ネットワークのノード k では次式の微分方程式が成立する．

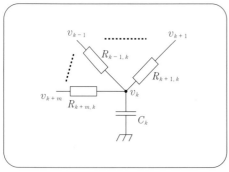

図 3.2 RC 線形ネットワークのノード k

$$C_k \frac{dv_k}{dt} = \sum_{j \in N_k} \frac{v_j - v_k}{R_{j,k}} \quad (3.1)$$

C_k はノード k の対地容量である．また，v_k，v_j はそれぞれノード k，j の電位であり，$R_{j,k}$ はノード j と k との間の抵抗である．ここで，ノード k に抵抗を介し接続されているノード集合を N_k としている．

式 (3.1) の微分方程式は RC ネットワークのすべてのノードについて成立するので，原理上はそれらを連立させてノード電位の時間応答を求めることができる．しかし，ノード数が多くなると解析的に解くことが急激に困難となる．そこで，放電によりノード電位がゼロに収束するまでの「等価時定数 τ_k」を式 (3.2) のように定義し，式 (3.1) の両辺をゼロから ∞ まで時

間積分する．この τ_k は，図 3.3 に示すように，ノード電位の放電波形（実線）と面積が等しい矩形（破線）を与える時間である．

$$\tau_k \equiv \frac{1}{V_{DD}} \int_0^\infty v_k dt \tag{3.2}$$

$$C_k \int_0^\infty \frac{dv_k}{dt} dt = \sum_{j \in N_k} \frac{1}{R_{j,k}} \left(\int_0^\infty v_j dt - \int_0^\infty v_k dt \right) \tag{3.3}$$

ここで，式 (3.3) の左辺の積分は図 3.3 より明らかなように $-C_k V_{DD}$ であり，右辺の各積分は式 (3.2) の定義より，$V_{DD}\tau_j$ と $V_{DD}\tau_k$ である．よって次式を得る．

$$-C_k = \sum_{j \in N_k} \frac{\tau_j - \tau_k}{R_{j,k}} \tag{3.4}$$

式 (3.4) は等価時定数 τ_k についての線形方程式であり，すべてのノード k についての式を連立させれば各 τ_k を容易に求めること

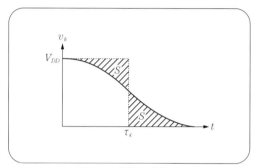

図 3.3　等価時定数 τ_k

ができる．更に，RC ネットワークが「ツリーネットワーク」であれば，次節に示すように直感的に解を求めることができる（ルビンシュタインの方法）．ツリーネットワークとは，各ノード k と SW との間の抵抗によるパスが一意に定まるものをいう．

3.2　ルビンシュタインの方法

式 (3.4) は C_k を「電流源」とみなし，各 τ_k を「ノード電位 u_k」とみなすと，図 3.4 の直流回路の回路方程式となっていることに気が付く．そして，ツリーネットワークの性質から各電流源 C_k から接地への電流パスは，図の破線矢印のように一意に定まる．そこで，線形回路の「重ね合わせの理」から「それぞれの電流源により生ずるノードの電位の総和」としてノード電位 u_k，つまり τ_k が求められることが分かる．

そこで，ノード k と j の共通放電経路抵抗和 $P_{k,j}$ を用いると，等価時定数 τ_k は

$$\tau_k = \sum_{i=1}^n C_i P_{i,k} \tag{3.5}$$

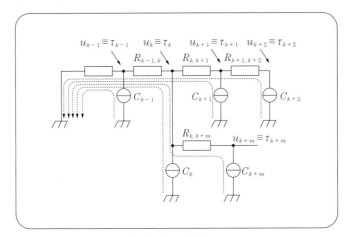

図 3.4 等価電流源 – 抵抗ネットワーク

で求められる．ここで，$\sum$ はすべてのノードについての総和であり，$P_{k,j}$ はノード k の放電経路とノード j の放電経路に共通する抵抗値の総和である．

例として，図 3.5 の RC ツリーネットワークでは各ノードの等価時定数は次式となる．

$$\begin{cases} \tau_1 = R_1(C_1 + C_2 + C_3 + C_4), \quad \tau_2 = \tau_1 + R_2(C_2 + C_3) \\ \tau_3 = \tau_2 + R_3 C_3, \quad \tau_4 = \tau_1 + R_4 C_4 \end{cases} \tag{3.6}$$

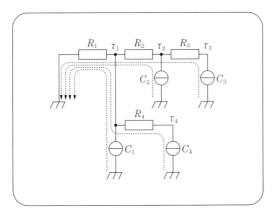

図 3.5　RC ツリーネットワークの例

3.3　インバータ型ゲートのマクロモデル

FET は非線形抵抗素子の一種であるが，インバータのように簡単な回路の場合には解析的

に遅延時間が求められる．また，より多くの FET から構成されるゲート回路でも，等価インバータ近似を用いて，ある程度遅延時間を見積もることができる（2 章参照）．しかし，FET と FET が接続される中間ノードの寄生容量が負荷容量に比べて無視できない場合には誤差が大きくなる問題点がある．このような場合には，図 3.6 のように FET を線形抵抗近似した上で抵抗–容量ネットワーク（RC ネットワーク）としてモデル化し，エルモアの遅延モデルを用いることができる．ここで必要な条件は「すべての容量が対地容量である」ことである．なお，図の C_s, C_d, C_g はそれぞれソース接合容量，ドレーン接合容量，ゲート容量である．ゲート容量は FET がオンの場合のゲート–チャネル間容量であり，図ではソース側とドレーン側に均等に配分して近似している†．

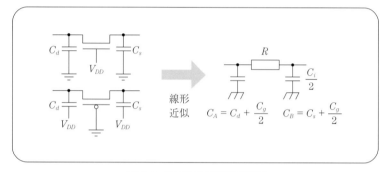

図 3.6　FET の線形抵抗近似

図 3.7 に示すように，一般のインバータ型ゲートのプルダウン回路やプルアップ回路（図 (a)）は FET の RC 近似を用いて RC ネットワーク（図 (b)）で表現できる．

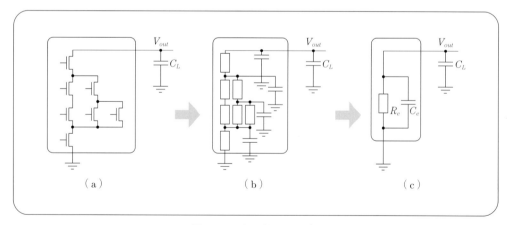

図 3.7　マクロゲートモデル

この回路に外部負荷容量 C_L を追加したときの出力電圧 V_{out} の等価時定数 τ_{out} を考えてみよう．エルモアの遅延モデルを用いると，各ノード容量を電流源とみなして出力ノードの

---

† この近似はソース電位とドレーン電位が等しい場合は精度が高いが，そのほかの場合は誤差が出てくる．

ノード電位を求めれば，それが等価時定数 τ_{out} である．線形回路であるから「重ね合わせの理」より，τ_{out} は「内部ノード容量の寄与＋外部負荷容量の寄与」の線形和となる．出力ノードから見た RC ネットワークの内部抵抗を R_e とすれば次式を得る．

$$\tau_{out} = R_e(C_e + C_L) = R_e C_e + \left(\frac{C_L}{C_U}\right) R_e C_U = \tau_0 + n\tau_1 \tag{3.7}$$

ここで，$\tau_0 = R_e C_e$ はゲートの「固定遅延」，$\tau_1 = R_e C_U$ は「比例遅延」である．$n = C_L/C_U$ をファンアウト係数と呼ぶ．C_U は基準負荷容量であり，最小インバータの入力容量とする．C_e は実効的ゲート内部の寄生容量である．図 (b) の各抵抗値はゲートの入力状態に依存して変化するので，固定遅延や比例遅延は厳密には入力パターンの関数である．

式 (3.7) のように，一般のゲート遅延を固定遅延とファンアウト係数に比例する遅延（ファンアウト比例遅延）の線形和で表すモデルを**ゲート遅延のマクロモデル**と呼ぶ．このモデルは線形モデルを基に説明したが，精度を必要とする場合は τ_0，τ_1 の値を測定値や非線形数値シミュレーション（回路シミュレーション）から求めることも広く行われている．

3.4 論理回路の遅延

論理ゲートを配線で接続して構成される論理回路の遅延時間は，**図 3.8** に示すように
① ゲートに固有の内部遅延（固定遅延）
② 外部負荷に由来する比例遅延
③ 配線に起因する配線遅延

の寄与とからなる．配線はそれ自体，抵抗と対接地容量を持っており RC ネットワークとして記述できる．そこで，図 3.7 (c) のマクロモデルで記述した論理ゲートに配線の RC モデル

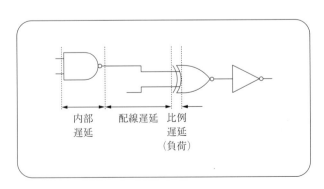

図 3.8 組合せ論理回路の配線遅延

を加え，全体をエルモアモデルで解析することができる．

図 3.9(a) のように，配線の単位長さ当りの抵抗と対接地容量をそれぞれ r, c とする．配線長 L の配線抵抗は $R_W = rL$，配線容量は $C_W = cL$ である．これを区間数 N に分割し，RC ラダー回路で近似する．各区間の抵抗は $\Delta R = R_W/N$，容量は $\Delta C = C_W/N$ となる．各区間を ΔR の両端に $\Delta C/2$ が接続された π 型モデル[†]で表したものが図 (b) である．

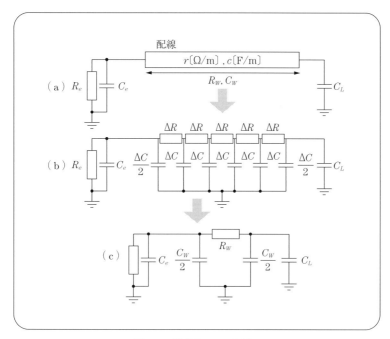

図 3.9　配線の RC モデル

次に，ルビンシュタインの方法を用い，出力端の等価時定数 τ_L を求める．最後に区間数 N を無限大に持っていくと次式を得る．

$$\tau_L = R_e C_e + \frac{R_e \Delta C}{2} + \sum_{n=1}^{N-1}(R_e + n\Delta R)\Delta C + \frac{(R_e + N\Delta R)\Delta C}{2} + (R_e + R_W)C_L$$

$$= R_e C_e + \frac{R_e \Delta C}{2} + \frac{(N-1)R_e C_W}{N} + \frac{N(N-1)R_W C_W}{2N^2} + \frac{(R_e + R_W)\Delta C}{2}$$

$$+ (R_e + R_w)C_L \xrightarrow{N \to \infty} R_e C_e + \left(R_e C_W + \frac{R_W C_W}{2} + R_W C_L\right) + R_e C_L$$
(3.8)

式 (3.8) の結果から，出力ノードの等価時定数 τ_L をエルモアモデルで近似計算するとき，配線部分の寄与は配線全体を π 型モデルで表現した図 (c) のモデルでよいことが分かる．

[†] T 型あるいは L 型モデルでも結果に変わりはない．

3.4.1 配線遅延と配線固有遅延

式 (3.8) の最初の項は論理ゲートの固定遅延であり，最終項は負荷に依存する比例遅延である．中間の項には配線抵抗や配線容量が関係しており，次式の**配線遅延** τ_W である．

$$\tau_W = R_e C_W + \frac{R_W C_W}{2} + R_W C_L \tag{3.9}$$

上式の配線遅延 τ_W の中で配線パラメータだけに関係する部分は第 2 項である．これを**配線固有遅延**と呼ぶ．式 (3.9) の配線抵抗と配線容量を単位長当りのパラメータに書き直すと

$$\tau_W = R_e c L + \frac{rcL^2}{2} + rLC_L \tag{3.10}$$

を得る．配線長 L が長くなるにつれ，L の 2 乗項である配線固有遅延の占める割合が大きくなることが分かる．抵抗と容量を持つ配線を用いて論理回路を接続する場合，配線固有遅延 rcL^2 の寄与はゲート駆動力 R_e や負荷容量 C_L を調節しても避け得ない[†]．

以上，論理ゲート遅延のマクロモデルに配線遅延を加えて全体の遅延は次式で表される．

$$\tau_L = \tau_0 + \tau_W + n\tau_1 \tag{3.11}$$

3.4.2 等電位領域

配線固有遅延が基本インバータの遅延 τ_{inv} と同程度となる配線長以下で接続可能な領域を**等電位領域**と呼ぶ．等電位領域の範囲を決める特性長は $\sqrt{2\tau_{inv}/rc}$ である．この長さを超す配線遅延は基本インバータ遅延より大きく，もはや論理回路動作の意味で一つのノードとはみなせない．配線固有遅延がたとえ同じであっても，微細加工が進むにつれて τ_{inv} が小さくなるため等電位領域のサイズは減少する傾向にある．

3.5 長い配線の駆動

LSI の長い配線では，式 (3.9) の第 2 項の配線固有遅延や第 3 項の負荷と配線抵抗の積による遅延が相対的に大きくなる問題がある．第 1 項と第 3 項については，「R_e が小さい」高

[†] たとえ幅広の配線を用いても rc 積はあまり変わらない．なお，式 (3.10) の第 1 項は幅の狭い配線が有利であり，第 3 項は幅の広い配線が有利である．

駆動力バッファと「R_W が小さい」幅広の配線を用いて，「面積の代償と引替えに」ある程度解決できる．しかし，配線固有遅延 $rcL^2/2$ の低減には効果がない．

配線固有遅延は配線長の 2 乗に比例することから†，図 **3.10** のように配線を分割しリピータ（インバータ）を挿入することが遅延の低減に有効である．

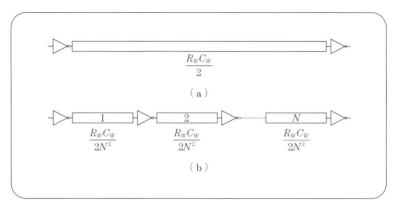

図 **3.10** 長い配線へのリピータの挿入

図 3.10 (a) の場合と図 (b) の場合の全遅延をそれぞれ τ_a，τ_b とする．式 (3.8) より

$$\left. \begin{aligned} \tau_a &= R_e C_c + R_e C_W + \frac{R_W C_W}{2} + R_W C_L + R_e C_L \\ \tau_b &= N \left(R_e C_c + \frac{R_e C_W}{N} + \frac{R_W C_W}{2N^2} + \frac{R_W C_L}{N} + R_e C_L \right) \\ &= N R_e C_e + R_e C_W + \frac{R_W C_W}{2N} + R_W C_L + N R_e C_L \end{aligned} \right\} \quad (3.12)$$

となる．ここで，N は分割区間数，C_L はインバータの入力容量である．τ_a，τ_b を比べると，分割することでリピータの固有遅延（第 1 項）と比例遅延（最終項）は N に比例して増加し，配線固有遅延（第 3 項）は N に反比例して減少することが分かる．その他の項は変わらない．なお，第 1 項と最終項（$R_e C_e + R_e C_L$）は配線長がゼロのときのリピータ（インバータ）の遅延である．そこで，τ_b を最小とする N を求めると次のことが分かる．

最適分割：配線固有遅延を減少するため配線を分割し，リピータ（インバータ）を挿入するには，分割された区間の配線固有遅延がリピータの遅延（配線長がゼロのときの遅延）と等しくなるようにすればよい．

---

† 最小化したいコスト関数がパラメータの 1 乗より大きな「べき」を持つ場合，常にパラメータ分割による最適化を考えることができる．

本章のまとめ

❶ **エルモアの遅延モデル**　回路の伝達関数を近似的に扱う方法の一つであるエルモアモデルを応用して抵抗と容量からなる回路の応答時間を近似的に求める．

❷ **ルビンシュタインの方法**　エルモアモデルに基づき，抵抗と容量からなる回路の応答時間を，各ノードの「容量」と「共通放電パス上の抵抗」との積の和で求める．

❸ **インバータ型ゲートのマクロモデル**　回路の応答速度である遅延時間を「ゲート固有遅延」と「ファンアウトに比例する遅延」との和で表現するモデルである．各遅延係数はゲートへの入力パターンに依存する．

❹ **配線遅延**　回路を接続する配線の持つ抵抗と容量に起因する遅延である．配線の駆動力に関係する項，配線に接続される負荷容量に関係する項，及び配線自体の抵抗と容量に関係する配線固有の遅延項からなる．

❺ **配線固有遅延**　配線自体の抵抗と容量とで決まる遅延である．エルモアモデルでは抵抗と容量の積の半分となり，配線長の2乗に比例する．

❻ **等電位領域**　配線固有遅延がインバータの遅延時間程度となる配線長で接続可能な領域である．

●理解度の確認●

問 3.1 RC ネットワークの各ノード電位 v_k の初期値が V_k $(\neq V_{DD})$ の場合に式 (3.4) を一般化してみよ（ヒント：等価容量 $C'_k \equiv (Q_k/V_{DD} = V_k C_k/V_{DD})$ を用いよ）．

問 3.2 図 3.11 について，C_4 の接続ノードの等価時定数 τ_4 を求めよ．

問 3.3 図 3.11 のような n 段の RC ラダーネットワークで容量 C と抵抗 R がすべて等しいとき，最終段の等価時定数が $\tau = n(n+1)CR/2$ で与えられることを示せ†．

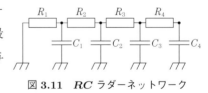

図 3.11　RC ラダーネットワーク

問 3.4 図 3.11 のノード 4 を出力ノードとしてマクロモデルにおける τ_0, τ_1 を求めてみよ．ただし，基準負荷容量を C_U とする．これは 4 入力 NAND ゲートのプルダウン遅延特性に相当する．

問 3.5 図 3.10 の最適分割の指針を証明し，最適化した場合の遅延時間を求めよ．

† LSI 中の長い配線は RC ラダーネットワークとして計算することが多いが，長い配線ではそれに応じて n も大きくなり，長さの2乗で応答が遅くなる．

4 LSI製造プロセス

　LSIの特有の回路設計を理解するには，ある程度はLSIの製造工程について理解する必要がある．現在のLSIは，一部の例外を除きシリコンの単結晶基板（シリコンウェーハ）を用いて製作される．ウェーハ上にFET，抵抗，容量（キャパシタ）などの素子を作り付け，それらを配線して相互に接続する．素子や配線の形成は，それらの幾何学形状を表す何枚かの原図（マスクパターン）を写真工程でウェーハ上に転写する工程の繰返しで行われる．そのため，LSIの設計は最終的にこのマスクパターンを作成することが一つの目的となる．LSI製造側の視点では，マスクパターンに何が描かれているかに基本的に関心を持たず，忠実にウェーハ上に転写することに専念する．製造されたLSIがどのような機能を有するかも製造側には分からない．そのため，正しくマスクパターンが転写され，LSIが正常に動作するかを試験するための入力信号と出力信号のセット（テストデータ）を製造側に渡すこともLSI設計者の責任となる．もちろん，任意のマスクパターンを転写しても正しいLSI回路となるわけではない．LSI製造側は，正しく動作するLSIが製造されることを保証するマスクパターンの制約条件（設計規則）をあらかじめLSI設計者に提示しておき，LSI設計者はそれに準拠してマスクパターンを作成しなければならない．

　本章では，LSIのマスクパターン設計（レイアウト設計）に関する設計規則を説明する準備として，LSIの製造プロセスのあらましを説明する．

4.1 シリコンウェーハの製造フロー

図 4.1 はシリコンウェーハの製造工程を示したものである.単結晶成長工程では原料となるポリシリコンを石英の「るつぼ」で溶融し,種結晶を核として「引上げ法(CZ 法)」により,円柱状の単結晶シリコン(インゴット)を引き上げる.図 4.2 は単結晶引上げ装置を模式的に示したものである.種結晶から成長したシリコンインゴットは回転しながら引き上げられる.インゴットの重量の時間変化をモニタしながら引上げ速度を制御することで,ほぼ一

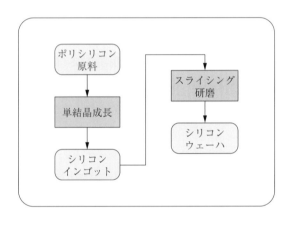

図 4.1 シリコンウェーハの製造工程

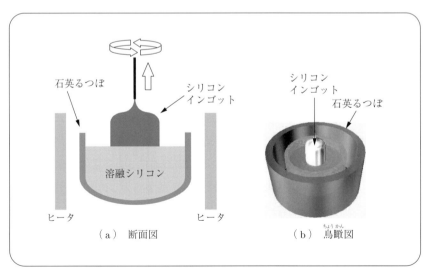

図 4.2 単結晶引上げ装置

定の太さを持つ円柱状のインゴットが得られる．現在のインゴットの径は 8 インチ（20 cm）から 12 インチ（30 cm）が主流であるが，18 インチ（45 cm）も検討されている．

シリコンインゴットは規格に合った直径となるよう必要に応じ周辺を削り，ダイヤモンドカッタなどを用いて，薄い円板状のシリコンウェーハに切り出される（スライシング）．取扱いの強度の観点から直径にも依存するが，厚さはほぼ 1 mm 内外である．その後シリコンウェーハは片面，あるいは両面を機械的に鏡面研磨され，LSI 製造工程で用いる準備が整う．

ウェーハは円板の中心に比較して周辺部分の方が，通常，結晶学的欠陥が多い．またインゴットの上部から下部にかけて，切り出される場所により品質が徐々に異なる．周辺部分が機械的に削られる際のストレスや，溶融シリコン中に微量に残留する各種不純物濃度が成長とともに変化することによる．これらの性質上，LSI 素子は，ウェーハ内ばらつき，ウェーハ間ばらつきを持つ．品質上のばらつきは LSI 回路特性の観点では好ましいことではないが，FET のしきい値をはじめ，各種のデバイスパラメータにばらつきが生ずる．しかし，これらのパラメータのばらつきには「同一シリコンウェーハ上の近接した部分では相関が高い」という特徴がある．LSI 回路設計では，「パラメータのばらつきは不可避である」が，「局所的にはほぼ同じ値を取る」という性質を積極的に利用した設計法が多用される[†1]．

4.2 LSI 製造フローの概要

LSI の一般的製造工程は**図 4.3** に示すように，熱工程・配線工程であるウェーハ工程（図 (a)）と，組立て・テスト工程（図 (b)）に分けられる．その中で，熱工程と配線工程は LSI をウェーハのままで加工するため**ウェーハ工程**と呼ばれる．熱工程と配線工程をそれぞれウェーハ工程の**前工程**と**後工程**と呼ぶ[†2]．

熱工程は，その名の示すようにシリコン結晶を高温に加熱する熱酸化工程や熱拡散工程が含まれ，FET などの素子を作り付ける工程である．一方，配線工程では，各素子をアルミニウムや銅などの金属で配線し接続する工程であり，配線層数の数に比例して工程数が増える．途中まで配線した金属が溶融・断線したり変質しないよう，比較的低温に保たれる．

図 4.3 では，LSI の設計側から提供される「マスクデータ」と「テストデータ」との関係も示している．熱工程と配線工程では，マスクデータから作成した素子のパターンを一括し

[†1] 極限的微細 FET ではチャネル部の不純物絶対数の低下により，熱力学的ばらつきが生じ，近接素子間でも相関のない，しきい電圧値などのばらつきの原因となっている（チップ内ばらつき）．

[†2] ウェーハ工程全体を**前工程**，組立て・テスト工程を**後工程**と呼ぶこともある．

46　　4. LSI製造プロセス

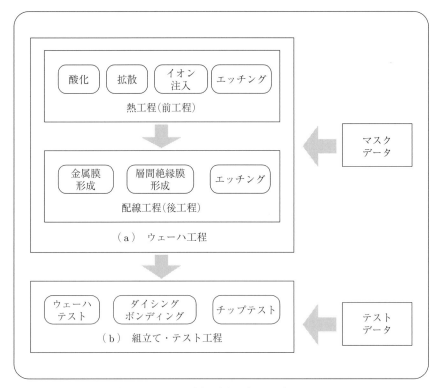

図 4.3　LSI 製造工程の概要（設計者側が与えるデータはマスクとテストだけである）

てウェーハに転写することで回路を形成していく．組立て・テスト工程ではテストデータを用いて回路の動作試験を行い，製造工程での良品・不良品の区別を行う．通常，ウェーハ段階で良品・不良品のスクリーニング（ウェーハテスト）を行い，特殊インクで不良品をマークしておく．

　典型的な組立て・テスト工程では，出来上がったウェーハを四角いチップに切断し（ダイシング），不良品以外をチップキャリヤに載せ（ダイボンディング），そしてチップキャリヤのピンとチップ上の端子であるボンディングパッドとを配線する（ワイヤボンディング）．最後に，チップキャリヤに蓋をするか，プラスチックでモールドして完成する．組立てを終わった後でもう一度最終テスト（チップテスト）し，必要に応じ初期不良品などを取り除くための耐久試験をして製品として出荷される．

4.3 リソグラフィー

　熱工程や配線行程では，酸化・拡散・イオン注入・堆積技術などで電気的性質の異なる薄膜を成長させる工程と，マスクパターンを写真技術によりウェーハ上に転写し，それを基に不要な領域を取り除く工程（リソグラフィー）とが何回も繰り返される．**図 4.4** はパターン転写工程の概要である．ウェーハ（図では四角に描いているが実際は円形）上に成長させた酸化膜，窒化膜，拡散層あるいは金属配線層などの薄膜の上に，光レジストを均一に塗布し，石英ガラス基板などを用いたマスクパターンを通して紫外線を照射し，光レジスト膜を露光する．

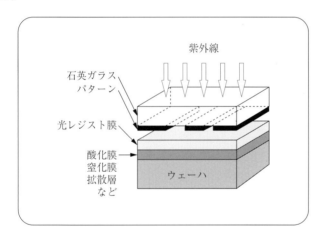

図 4.4　パターン転写工程の概要

　露光方式には，図 4.4 に示すマスクパターンとシリコンウェーハを近接して配置し，平行度の高い紫外光を用いて露光する**近接露光方式**や，両者を接触させる**コンタクト露光方式**，レンズを用いて縮小投影する**投影露光方式**などがある．現在の露光方式は，精度の観点から 4 : 1 程度の**縮小投影露光方式**が主として用いられる．縮小投影露光方式では，一度にウェーハ全体を露光することができず，通常，ウェーハ上を一定の間隔†で移動しながら露光を繰り返す必要があり，露光装置は**ステッパ**と呼ばれる．縮小投影露光方式では位置精度が縮小率の分だけ粗くてもよい利点や，製造工程中にウェーハ内にひずみが生じた場合でも，露光単位で位置合せができる利点がある．

---

† この単位を**レチクル**と呼ぶ．レチクルとは光マスクの別称である．レチクルは縮小投影後，2〜3 cm の矩形であり，大きなチップは 1 個，小さなチップは複数載る．

パターン精度は用いる紫外光の波長やレンズの開口率などに依存する．大きな開口率を用いて波長の数分の1のパターン分解能が得られている．微細加工を指向するには短波長化が必須である†．それでも，転写には物理光学的ひずみは避けられず，マスクパターンを補正する **OPC**（optical proximity correction）が行われる．また，開口率が大きくなるにつれ，結像に必要な焦点深度が浅くなるため，結像面の高精度平坦化が必要となる．これは後に述べる特殊な工程で実現されるが，新たなマスクパターンの設計制約（パターン密度ルール）が必要となる理由でもある．なお，OPC は設計規則を遵守する限り，自動処理で生成される．

一方，光を用いない**電子線露光方式**も部分的に用いられる．これは真空中にレジスト塗布済みのウェーハを配し，電子線を偏向させ直接露光する技術であり，マスクを用いないことが特徴である（mask–less lithography, **MLL**）．少量多品種には向いており，電子線波長は短いため微細パターンの描画に向いているが，現状では描画速度が遅い．

光レジストには 2 種類あり，光の照射された部分が光重合反応により溶媒に溶けにくくなる（ネガレジスト）か，光の照射された部分が光分解反応を起こし溶媒に溶けやすくなる（ポジレジスト）．ネガレジスト，ポジレジストに応じ，紫外線照射後に溶媒で光レジストを処理（現像）することで，同じマスクパターンから図 **4.5** に示すように 2 通りのパターンが適宜得られる．

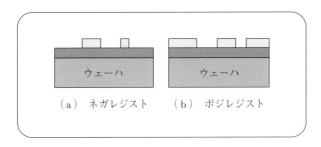

図 4.5　レジスト現像後

次に，このレジスト膜を「2 次マスク」としてエッチング，イオン注入などを行い，下層の薄膜へパターンを再転写する．その後，レジスト膜を化学処理やプラズマ処理などで除去し，パターン転写が完成する（**図 4.6** 参照）．更に，ウェーハの一部分に熱酸化膜を形成する局所酸化工程（**LOCOS**）や不純物の選択熱拡散工程では，図 4.6 のように転写された窒化膜や酸化膜自体を「3 次マスク」として，熱酸化や熱拡散を行う．熱工程では光レジスト膜では高温に耐えないためである．

以上が 1 回分（マスク 1 枚分）の典型的パターン転写工程である．LSI の製造工程ではこれをマスクの数だけ繰り返す．

---

† レンズ材料やマスク材料の制約から必ずしも短波長化は容易ではない．そのため，露光系自体を水に浸し実効波長を短くしたり（液浸），多重露光を用いることが行われる．

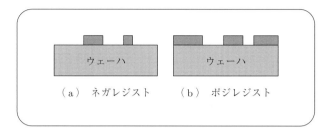

(a) ネガレジスト　(b) ポジレジスト

図 4.6　パターン転写後

　配線工程では，パターンを転写する対象がアルミニウム合金などの金属薄膜や層間絶縁膜である点を除き，基本的に熱工程と同様である．ただし，いったんアルミニウムなどの低融点金属のパターン形成を行った後，更にその上に層間絶縁膜を積んで2層，3層の配線を積み重ねるには，配線材料の融点を超えないことと，金属と絶縁層が反応しない低温プロセスである必要がある†．また，表面平坦化技術を用いないと，配線層が増すごとにウェーハ表面の凹凸が増し，微細パターン形成が困難となってくる．表面平坦化を行わない限り，LSI 設計では多層配線の上層になるにつれ，パターン寸法を粗くすることが要求される．

4.4　CMOSの製造フロー

　いま主流となっている CMOS 型 LSI では，同一のチップ上に nMOSFET（nFET）と pMOSFET（pFET）を作成して回路を構成する．nFET を作成するには p 型基板が必要であり，pFET を作成するには n 型基板が必要である．CMOS ではいずれか一方の基板から出発して，ウェーハ上に他方の型の領域を部分拡散工程で作成する．この領域をその形状から**ウェル**と呼ぶ．図 4.7 は，n 型基板（p ウェル）を用いた典型的な CMOS LSI の製造工程を示したものである．以下，平坦化技術や浅い**溝分離**（shallow trench isolation，**STI**）を用いない，古典的 CMOS プロセスを基本に説明する．用いるマスクパターンは平坦化技術や浅い溝分離法でも変わらない（なお，マスク名の記号は本書固有であり，一般的名称ではない）．

　まず「p ウェル」を作成する．n 型基板を用いて，図 (a) に示すように厚い酸化膜を全面に成長させた後，上述の方法で p ウェルとなるべき領域の酸化膜を除去し，イオン注入と熱拡散で p 型不純物を導入する．図の矢印はイオン注入を表している（イオン注入は全面に対し

---

† 高温の工程が必要な場合，タングステンやポリシリコンのような高融点金属・半導体材料配線に用いることになる．

50   4. LSI製造プロセス

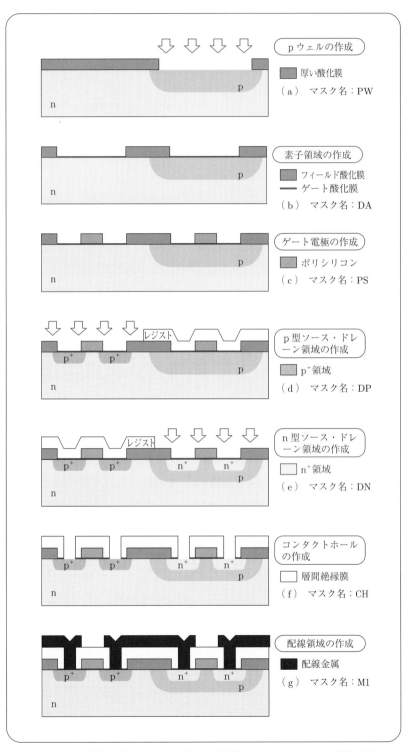

図4.7　n型基板（pウェル）を用いた典型的なCMOS LSIの製造工程

4.4 CMOS の製造フロー

て行うが，酸化膜が除去された部分のみで n 型基板に到達する）．

次に，「素子領域」の作成では，図 (b) のように，いったん酸化膜を除去し再び厚い酸化膜を成長させ，FET を作成する領域の酸化膜を除去する．FET 以外の領域を覆う厚い酸化膜をフィールド酸化膜と呼ぶ．これは電気的に FET を相互に分離するためのものである（LOCOS 法では反対に素子領域を，酸素を通しにくい窒化膜で覆い，それ以外の部分に厚い酸化膜を選択成長させる．浅い溝分離法では素子領域以外を選択エッチングして溝を作り，そこを絶縁体で埋める）．その後全体を酸化し，素子領域に後でゲート酸化膜となる薄い酸化膜を成長させる．

次に，「ゲート電極」の作成では，図 (c) のように，ゲート電極材料となるポリシリコン（多結晶シリコン）などを堆積法で全面に堆積させ，ゲート電極や局所配線，抵抗として用いる部分を残して他の部分を除去する．ポリシリコンは高濃度の不純物でドーピングされ，電気的性質は金属に近い．前章までに述べたように，ゲート電極の寸法で定まるチャネル長が短いほど電流駆動力が増し性能が向上する．そのため，このゲート電極の作成は最も微細な加工精度が要求される．「0.25 ミクロンプロセス」，「0.18 ミクロンプロセス」など，寸法でプロセスの区別をすることが多いが，これはゲート電極の最小寸法を指している[†]．

「p 型ソース・ドレーン領域」の作成では，図 (d) のように，nFET 領域をレジストで覆い，素子領域以外を覆うフィールド酸化膜とゲート電極を「マスク」として，それ以外の部分に p 型不純物をイオン注入する．図中，p^+ のプラス記号は高濃度の p 型不純物領域であることを示す．ゲート電極自体をマスクとしてイオン注入することで，ゲート位置が多少ずれていてもそれに追随してソース・ドレーンの位置が移動し，正しいゲート・ソース・ドレーンの位置関係が保証される．この性質から，**自己整合**（self align）**技術**と呼ぶ．自己整合技術は微細な素子構造を作成する際，位置合せ精度の限界を克服する重要な技術であり，広く用いられている．なお，ここでは拡散領域を**ソース・ドレーン領域**と呼んでいるが，拡散領域は短い距離の配線としても用いられる．

「n 型ソース・ドレーン領域」の作成は，図 (e) に示すように，レジストで覆う領域が入れ替わることと，イオン注入する不純物原子が異なることを除き，図 (d) の p 型ソース・ドレーン領域の作成と同じである．

一般に，イオン注入したままでは不純物原子がシリコン結晶格子位置に入らず，電気的に活性とならない．引き続き高温の熱処理（アニーリング）を必要とする．自己整合技術では，ゲート電極材料としてアルミニウムなどの低融点金属材料を用いることができないのは，こ

[†] それに対し，「28 nm 技術ノード」，「40 nm ノード」などの名称が使われることも多い．これは「配線のピッチの半分」と定義されるものであるが，ゲート寸法におよそ近い．

の高温アニーリング処理のためである†（ポリシリコンや高融点金属は低融点金属に比べ抵抗率が高い欠点がある．そのためゲート電極作成後，シリコンと金属化合物を形成する，「シリサイド処理」をゲートやソース・ドレーンに対し行い，低抵抗化することも多い）．

「コンタクトホール」は，図 (f) に示すように，ゲート電極と金属配線，またはソース・ドレーン領域と金属配線を接続するために用いる．一般に，半導体と金属との界面は「ショットキー」接合を形成しダイオード特性となる．しかし，ここではゲートやソース・ドレーンは十分高濃度の半導体やシリサイドであり，抵抗性のコンタクトとなる．コンタクトホールの作成では堆積法を用いて全面をシリコン酸化物などの絶縁層で覆った後，コンタクトホールの場所の絶縁膜を選択除去する．設計の観点から見ると，コンタクトホールの大きさは回路面積を小さくするためにたいへん重要であるため，コンタクトホールの寸法はゲート電極と同様に最小寸法に近いものを用いる．なお，図 (f) ではゲート電極コンタクトとソース・ドレーンコンタクトを同時に作成しているが，穴の深さが異なりプロセスによっては別工程となる．

最後に，図 (g) に示すように，「配線領域」の作成では堆積法で全面を金属膜で覆った後，配線領域を残して他の部分を除去する．

◎ **CMP 工程**

高密度配線ではコンタクト穴と配線溝を作成した後，一様に配線金属を堆積・めっきし，平坦化を兼ねてこれ以外の部分を機械的に削り取る手法（研磨除去）も用いられる（**図 4.8** 参照）．このように溝を先に作成し，そこに金属などを埋め込む「象嵌」工程をダマシン工程と呼ぶ．図のようにコンタクトと配線の 2 工程をまとめて行うものをデュアルダマシン工程，

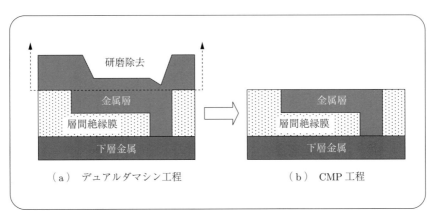

図 4.8　デュアルダマシン工程と CMP 工程

---

† 高温処理が必要なソース・ドレーンの作成後，ゲート電極を作成すれば低抵抗率の低融点金属を利用できるが，自己整合の利点は使えない．自己整合と高融点材料でゲートを作成後，低融点材料に「置き換える」手法も時として用いられる．

別々に行うものを**シングルダマシン工程**と呼ぶ．

また，不要部分を削り取り平坦化する工程を **CMP**（chemical mechanical polishing）**工程**と呼ぶ．CMP 工程により高い平坦度が達成され，多層配線が可能となった．CMP 工程は平坦化に優れたものであるが，一方で削り取る際の終了位置を示す「ストッパ」が必要となる．図 4.8 では層間絶縁膜がこの役割を果たしている．そのため，層間絶縁膜と金属配線の領域は，相互に一定の細かさで混ざり合っている必要がある．これを定めたものが「密度規則（デンシティルール）」であるが，LSI 設計者には「余計な寄生素子」を生成することになり，設計の制約となる場合も多い．しかし，密度規則に違反すると，パターン中央が薄くなる，削り過ぎ（ディッシング）などが起き，平坦化に支障をきたすことになる．

二つのプロセス，「コンタクトホール」と「配線領域」の作成を配線層の数だけ繰り返し多層配線が形成される．これから分かるように，直接には隣り合った上下の層どうしの接続だけが可能である．CMP を用いないプロセスでは凸凹を少なくするため，上下のコンタクトホール位置が重ならないよう制約を設けることも多い．なお，2 層目以降，上下の隣接金属配線層間の接続を**スルーホール**と呼ぶ．

図 4.7 には陽に描かれてないが，LSI の配線工程の最後の金属層は，チップへの外部からの水分侵入や腐食防止，更にパッケージ材料などからの対 α 線保護の目的で，LSI と外部との接続部分である「ボンディングパッド領域」を除き厚い絶縁膜で覆う．この絶縁膜は**保護膜（パッシベーション）**と呼ばれる．マスクパターンとしてボンディングパッド領域を定義するものが必要である．

また，図 4.7 ではパターン転写がほぼ理想的に行われている場合を示しているが，実際には現像・エッチングなどにおいて角が正確には再現されず，平面図でも断面図でも角がやや丸くなる．また，CMP 工程を用いない場合，コンタクト壁が垂直であると「段切れ」が生じるため，図 4.9 に示すように，意図的にスロープを作る場合も多い．素子の断面などから寄生容量などを正確に求める場合，注意する必要がある．

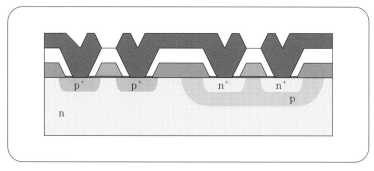

図 4.9　より実際に近い古典的 CMOS の断面構造の例

4.5 その他のCMOS構造

前節の工程は，pウェルを用いた古典的 CMOS 工程の例である．n ウェルの場合も同様な構造が作成できる．図 4.10 に n ウェルを用いた場合の断面図を示す．p ウェルと n ウェルを比較すると前者は不純物の性質上，製作が容易であり，pFET の性能を最適化しやすい．一般に，pFET のキャリヤ（ホール）は nFET のキャリヤ（電子）に比べ移動度が 2〜3 倍小さく，同一寸法の FET では電流駆動力もその分小さい．p ウェルは n 型不純物を相殺し更に p 型とするため，純粋な p 型基板の場合より nFET の性能が低下し，両者のバランスは良くなる．他方，n ウェルでは純粋な n 型基板の場合より pFET の性能が悪くなり，nFET に比較して更に電流駆動力が悪くなる．その結果，CMOS のプルアップ・プルダウンのバランスが悪くなる．ただし，回路形式によっては LSI 回路全体の性能を向上できる余地がある．また，歴史的には CMOS 技術より以前には p 型基板を用いた nMOS 技術が用いられていた経緯があり，技術上の連続性は良いといえる．

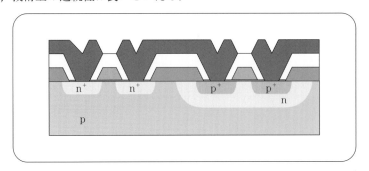

図 4.10　n ウェルを用いた CMOS の断面図

nFET と pFET をともに最適化したい場合は，初期の基板が p 型でも n 型でも都合が悪い．p 型でも n 型でもない不純物を低減した「真性半導体層（i 層）」を土台として，p ウェルと n ウェルをそれぞれ作成する**ツインウェル技術**がある．図 4.11 では n 型基板上に不純物密度が極めて低い単結晶層をエピタキシャル成長させて用いる．

CMOS 回路の集積密度を向上するには，ウェル分離領域や素子分離領域の寸法の縮小が特に要求される．これまで述べてきた例は，電気的分離を pn 接合により行っているが，分離領域を小さくするには「誘電体分離」技術が有効である．図 4.12 は溝構造を利用した誘電体分離の一例である．異方性エッチングにより溝を掘り，誘電体で埋めた例である．現在では比

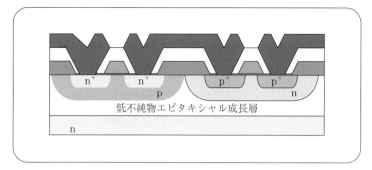

図 4.11 ツインウェル型 CMOS 技術

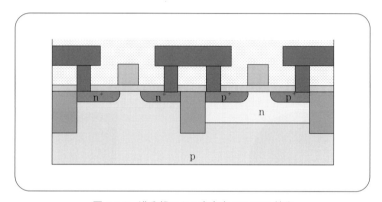

図 4.12 溝分離による高密度 CMOS 技術

較的浅い溝分離 (STI) による製造プロセスが，進んだ LSI では一般的となっている．また，図 4.12 左側の nFET と p 型基板との間に n 層 (deep n–well) を作り，pFET だけでなく nFET も基板から pn 接合分離し，独立した電位を与えられるようにした **3 重ウェル** (triple well) **構造**も用いられる．なお，図 4.12 の断面は配線層も CMP プロセスを想定している．

更に，図 4.12 のデバイス底面をも誘電体分離することで「完全誘電体分離」の CMOS 回路が得られる．この技術では基板に「絶縁体基板上の単結晶シリコン薄膜」，いわゆる **SOI** (silicon on insulator) 基板を用い **SOI 技術**と総称されている．SOI 基板の作成には「ウェー

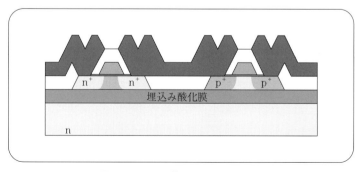

図 4.13 SOI 技術による CMOS

ハ張合せ技術」などが用いられる．図 4.13 に例を示す．後述のようにラッチアップ現象が生じない利点を有する．

4.6 チップの組立て

　図 4.14 (a) は配線工程までを終えたウェーハ，図 (b) はステッパで一度に露光できるレチクル部分のチップ群写真，図 (c) はチップに切り分け後にパッケージに封入したものの例を示している．この例ではレチクルには複数のチップが搭載されている．

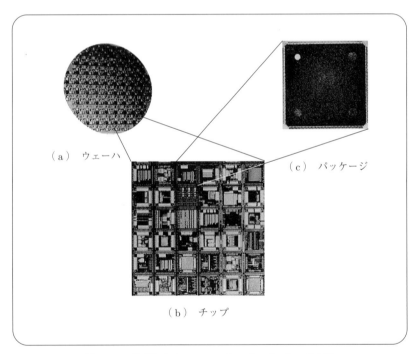

図 4.14　作成したウェーハ，チップ，パッケージの例

　図 4.15 に，模式的に示すように，LSI チップはウェーハ上に格子状に割り付けられ製造される．ステッパを用いるリソグラフィー方式では，チップ単位でマスクパターン（レチクル）がウェーハ上に縮小投影されるが，縮小投影装置の制約にもよるが 20〜30 mm 程度以下でなければならない．これは光学レンズの精度の限界からくる制約である．チップとチップの境界はスクライブ線（切取り線）の領域が設けられている．

　各チップはウェーハ工程後に，スクライブ線に沿って切り離される（ダイシング）．図 4.16

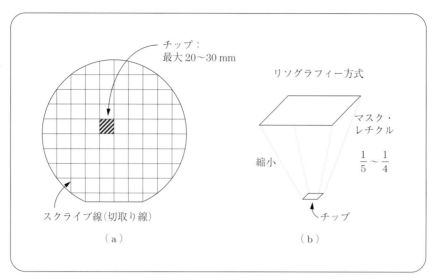

図 4.15 ウェーハ上へのチップの割付け

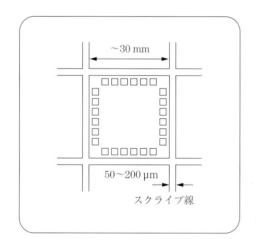

図 4.16 チップスクライブ線

はウェーハ上の 1 チップを拡大した概念図である．スクライブ線はカッタの歯の厚さに相当する 50～200 μm 程度の幅を持っている．スクライブ線の近くは切り離す際，機械的ストレスが加わるため，結晶欠陥を発生しやすく半導体素子の特性に影響を与える．そのため通常，LSI の回路はスクライブ線から数十 μm 程度の内側に置く必要がある．また，チップコーナも欠けやすいため，この部分に回路を置くことは避けた方がよい．

◎ チップのパッケージ実装

チップをパッケージ（チップキャリヤ）に実装する方法には大別して，ワイヤボンディングによる方法と，フェイスダウンボンディングによる方法とがある．

① ワイヤボンディング　図 4.17 (a) に示すようにワイヤボンディングでは，チップの周囲にボンディングパッドと呼ばれる 50～100 μm 角の外部接続用の金属領域を配置し，そ

58　　4. LSI 製造プロセス

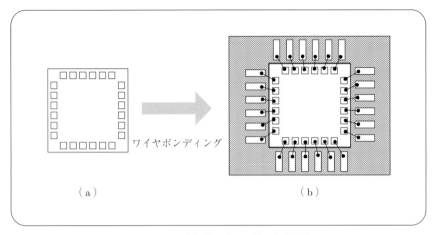

図 **4.17**　ワイヤボンディングによる実装

の部分の保護膜を除去しておく．そして，図 (b) に示すようにチップをチップキャリヤ上に接着（ダイボンディング）し，チップキャリヤ上の接続端子とボンディングパッドをアルミニウムや金線などを用いて接続（ワイヤボンディング）する．接続には超音波や熱を併用した機械的圧着法が用いられる．ボンディングパッドには一定の機械的ストレスが加わるため，回路で用いる FET などの半導体デバイスとは数十 μm 程度離す必要がある場合がある．

　② **フェイスダウンボンディング**　　フェイスダウンボンディング（フリップチップ）では，図 **4.18** (a) に示すように，チップ全面に接続用の金属領域（パッド）を配置することができる．図 (b) に断面を示すように各パッド上に「はんだボール」を配し（エリアバンプ），図 (c) に示すように「チップ表面をチップキャリヤ表面と向かい合わせにして」接続する．は

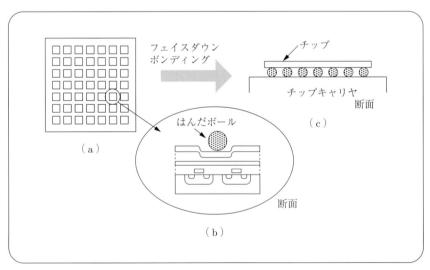

図 **4.18**　フェイスダウンボンディングによる実装

んだボールの熱溶融により接続するため機械的ストレスがあまり加わらず，通常，パッド直下にも FET などの半導体デバイスを置くことができる．

ワイヤボンディングとフェイスダウンボンディングを比較すると，接続端子数の点やチップ面積の利用効率の点では後者が優れている．しかし，フェイスダウンボンディングでははんだボールを介してチップで発生した熱がチップキャリヤに伝わるため，放熱の点では前者が優れている[†1]．

チップキャリヤの素材にはセラミック製のものや金属フレームをプラスチックモールドしたものがある．更に，チップサイズに近いプラスチック製のチップキャリヤなど，目的に応じて多種多様なものが用いられる．信頼性と価格との兼ね合いなどで選択されるが，一般にセラミック製は信頼性が高く，発熱量の大きなチップに適している反面，プラスチックモールドなどに比べて高価である．

また，セラミック製やプラスチック製のチップキャリヤ上に複数のチップを実装し，チップ間に必要な配線をチップキャリヤ上で行ったものを**マルチチップモジュール（MCM）**と呼ぶ．LSI 集積度の発展途上の時期には MCM は高密度実装に優れた手法であったが，チップ集積度が向上し，1 チップで実現されるまでの「過渡的実装法」と考えられていた．しかし，集積度が向上した現在では，MCM は単なる過渡的実装法ではなく，バイポーラや化合物半導体，センサデバイスなど，目的用途別に異なる製造方法で作られる回路などを一つのパッケージ上にコンパクトに搭載する「システムインパッケージ（**SIP**）」としての実装法として重要となっている[†2]．

一方，チップキャリヤを用いずに，プラスチック製の回路基板に裸のチップ（ベアチップ）を直接マウントし接続することもある．チップの長期信頼性の点ではやや劣る方法であるが，製造コストの点と小型・高密度実装の点で優れた方法である．特に，チップ裏面を研磨して薄くし，フレキシブル基板に実装する技術は，カメラや電卓，電子カードなどに広く用いられる重要な実装方法になっている．

LSI チップ設計の観点では，これらのチップ実装技術からくる①接続パッド数と位置，②許容チップサイズ，③許容発熱量に関する制約条件を念頭において設計を進めることが必要である．チップキャリヤによって接続パッド数に制限があることは当然であるが，高速 LSI では十分低いインピーダンスの電源，接地経路を確保するために，チップキャリヤの多くのピンを電源，接地に割り当てる必要がある．そのため信号に用いるピン数に制約が生ずる．ま

[†1] 大規模な LSI チップでは接続点数からフェイスダウンボンディングが用いられ，発熱量も多い．そこで，チップ裏面から直接，空冷あるいは水冷を行う場合もある．
[†2] 高密度実装の観点ではチップを多層に重ねて実装する「3 次元実装」も用いられる．放熱などの問題もあるが，コンパクトな実装法である．積層チップ間の信号伝達には通常のパッドを接続するものや，チップ中に **TSV**（through silicon via）と呼ばれる貫通型の配線を用いるものがある．

た，チップキャリヤに依存して最大チップ外形が決められると同時に，最小チップ寸法も決められる．

許容発熱量についてはチップの冷却方法（自然空冷，強制空冷，液冷など）に依存して「熱抵抗」が定義されている．熱抵抗を R_θ〔K/W〕とすると，チップ温度 T_{CHIP} とパッケージの環境温度 T_{EXT} とは

$$T_{CHIP} - T_{EXT} = R_\theta P \tag{4.1}$$

の関係がある．ここで，P はチップの消費電力であり，R_θ はチップからパッケージの外部環境までの熱抵抗である．長期信頼性の観点からシリコンデバイスの pn 接合部には最大温度（T_{MAX}）の制約がある．また，LSI 回路を利用する立場からは最大の許容環境温度（T_{ENV}）の要求がある．そこで，チップの最大消費電力 P_{MAX} を

$$P_{MAX} \leq \frac{T_{MAX} - T_{EXT}}{R_\theta} \tag{4.2}$$

以下に抑える設計が要求される．なお，チップの消費電力にはチップの内部回路の消費電力とともに，チップの外部端子（パッド）を駆動するための消費電力が加わることに注意する必要がある．パッド駆動電力は外部負荷容量と駆動頻度に比例するため，チップの発熱量はチップの実装方法や外部接続状態に依存する．

4.7 LSIのテスト

既に述べたように，通常，LSI の製造工程ではウェーハ状態での簡易テストとチップをパッケージした完成状態での最終テストが行われる．アナログ回路に対するテストは回路仕様ごとに必要な信号発生器や信号解析器を組み合わせてテストが行われるが，ディジタル回路に関しては図 4.19 に示すようなロジックテスタを用いた標準的手法が確立されている．

ロジックテスタは，LSI 回路の各入力ピンに対しディジタル信号を発生する「テスト信号生成回路」と各出力ピンからのディジタル信号をタイミングとともに記録する「応答信号記憶回路」，そして応答信号がタイミングを含め期待どおりであることを確認する「応答信号判定回路」から構成されている．同時にテスト対象の LSI に対しては決められた範囲の電源電圧と環境温度を制御する機構があり，単に動作が正しいか否かを判定するだけでなく，正しく動作する電源電圧範囲，動作周波数範囲，温度範囲などを自動的に判定する機能が備わっている．

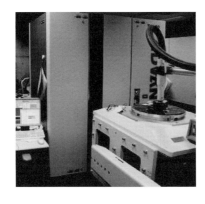

図 4.19 ロジックテスタ

 一方，テスト信号生成回路に必要な入力信号と，応答信号判別回路に必要な正しい応答信号のセット（テストベクトル）を用意することは設計者側の責任である．製造工程で生ずる可能性のある LSI 回路の故障や障害に対し，それを検出するためのテストベクトルを用意することは必ずしも容易ではない．通常は，コンピュータを用いて想定する故障を検出するテスト信号を自動的に生成するが，LSI の大規模化でこの作業には長時間を要する．また，「想定外」の障害については見逃す可能性も否定できない[†1]．製造段階だけでなく設計段階のミスも含め，故障や障害の検出率を上げ，テストベクトル生成に要するコストを低減することは，いまも研究途上にある LSI 設計の重要な課題である[†2]．

本章のまとめ

❶ **シリコンウェーハ**　LSI を作成する円板状の薄いシリコンの基板である．ポリシリコンを原料として，引上げ法などの結晶化プロセスで作成した円柱上のシリコンインゴットから切り出して作成する．

❷ **LSI の製造工程**　「ウェーハ工程」及び「組立て・テスト工程」からなる．

❸ **ウェーハ工程**　シリコンウェーハに FET などの素子を作成する「前工程（酸化，拡散などのプロセスを用いるため熱工程とも呼ばれる）」と素子を接続する「配線工程（後工程）」からなる．この工程では設計者が与えるマスクデータを用いる．

❹ **組立て・テスト工程**　ウェーハ工程で作成された回路をテストし，良品をパッケージとして組み立て，最終試験をする工程である．ここでは，設計者が与えるテストデータを用いる．

❺ **リソグラフィー**　FET などの素子形状の部分部分を定義するマスクデータを用

[†1] 実際に製品出荷後に見逃された障害のため，リコールされた例も報告されている．
[†2] テストについてのより詳細な事柄は「はかる × わかる半導体（入門編）」浅田邦博監修，日経 BP 社（2013）

いてウェーハ上に形状を転写する工程である．レジスト（感光剤）に紫外光を縮小投影，あるいは電子線で直接描画するなどで形状をいったんレジストに移し，その後にウェーハ上に転写する．

❻ **CMOSの製造フロー**　ウェル領域，素子領域，ゲート領域，拡散領域，コンタクト境域，配線領域などを定義する複数のマスクを用いて，nFET，pFETなどの素子を作成し相互に接続する．

❼ **ダマシン工程**　金属層を成膜して余分な部分をリソグラフィーで除く代わりに，あらかじめ金属配線を定義する溝を作成し，そこに金属をはめ込む象嵌工程である．

❽ **CMP工程**　機械・化学的方法でウェーハの表面を平坦に研磨する工程である．

❾ **チップの組立て**　ウェーハ上に作成した複数の回路をスクライブ線（切取り線）に沿ってチップに切断し，チップをパッケージし搭載し，パッケージの端子と接続する．

❿ **パッケージの熱抵抗**　チップは発熱するので熱を外部に逃がす．外部環境温度とチップ温度との差に応じて熱伝導で熱が逃げるが，その係数を熱抵抗といい，パッケージの種類で異なる．

⓫ **LSIのテスト**　入力と出力から作成した回路が期待どおり動作するかを試験する．ウェーハ上で行うウェーハテストと，パッケージに組み立てた後に行う最終テストがある．

5 設計規則

　図 5.1 に示すように，LSI 設計側から製造側へ「マスクデータ」と「テストデータ」を提供するのに対し，製造側から LSI 設計側へは「設計規則」を提供する．設計規則は 2 種類のデータからなる．マスクパターン寸法に関する「幾何学的設計規則」（単に設計規則，デザインルールとも呼ぶ）と，FET や配線容量，配線抵抗などの素子の「電気的特性パラメータ」（単にデバイスパラメータとも呼ぶ）である．LSI 設計者は設計規則の許容範囲内でマスクパターンを設計し，デバイスパラメータを用いて製造後の LSI 回路の特性を推定する．

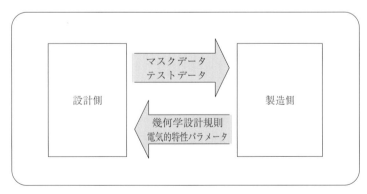

図 5.1　LSI 設計側と製造側との依存関係

5.1 物理マスクと論理マスク

4 章で示した LSI 製造工程で用いるマスク（物理マスク）と，LSI 設計者が便宜上定義し設計するマスク（論理マスク）とは，必ずしも同じではない．重要なことは論理マスクから物理マスクへ自動変換が可能であることである．表 5.1 に前章で説明した典型的 CMOS プロセスの物理マスクをまとめて示す．

表 5.1 ポリシリコン 1 層–金属 2 層 CMOS プロセスの物理マスクの例

マスク記号	説明
PW	p ウェル領域
DA	デバイス領域（アクティブ）
DN	n 型高濃度拡散領域（ソース・ドレーン）
DP	p 型高濃度拡散領域（ソース・ドレーン）
PS	ポリシリコン領域（ゲート電極）
CH	コンタクトホール
M1	第 1 メタル領域（金属配線）
TH	スルーホール
M2	第 2 メタル領域（金属配線）
GL	ボンディングパッド（パッシベーション）

LSI 設計者は表 5.1 の物理マスクを直接設計してもよいが，通常はより理解しやすい論理マスクを定義して設計し，図形処理によって物理マスクに変換することが多い．

図形処理の基本は，図形上の積（共通部分），和（両方の図形）や否定（反転図形）及び拡張（一定寸法の図形拡大）や縮小（一定寸法の図形縮小）である（表 5.2 参照）．更に，露光波長より小さなパターンを転写するための図形変換である OPC 変換や，CMP 処理のためのパターン密度を保つためのダミー挿入などがある（4 章参照）．

表 5.2 図形処理の基本演算

処理	記号	例	説明
和	+	A+B	マスク A と B の図形和
積	&	A&B	マスク A と B の重なり
反転	‾	$\overline{A}$	マスク A の図形の白黒反転
拡張	$[\ ]_{+\delta}$	$[A]_{+\delta}$	マスク A の各図形を δ だけ拡張

4 章の CMOS プロセスでは，実際の n 拡散領域は "DA&DN" であり，p 拡散領域は "DA&DP" である．設計者にとっては，n と p の拡散領域をそれぞれ設計する方が分かりや

すいことも多い．そこで，n 拡散領域と p 拡散領域を表す論理マスク CDN と CDP を定義する（図 5.2 参照）．これらは次式の図形演算で与えられる．

$$
\left.\begin{array}{l}
\text{CDN} = \text{DA} \, \& \, \text{DN} \\
\text{CDP} = \text{DA} \, \& \, \text{DP}
\end{array}\right\} \tag{5.1}
$$

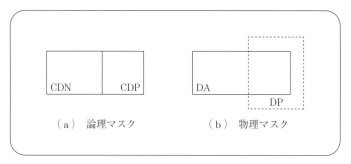

図 5.2　論理マスクと物理マスクの関係の例

反対に，論理マスク CDP と CDP から，物理マスク DA，DP，DN は次式の演算で与えられる．

$$
\left.\begin{array}{l}
\text{DA} = \text{CDN} + \text{CDP} \\
\text{DN} = [\text{CDN}]_{+\lambda} \\
\text{DP} = [\text{CDP}]_{+\lambda}
\end{array}\right\} \tag{5.2}
$$

表 5.3　金属 2 層ポリシリコン 1 層 CMOS プロセスの論理マスクの例

論理マスク	表示パターン	色	説　　明
CPW		茶	表 5.1 の PW と同じ
CDN		緑	n 型高濃度拡散領域
CDP		黄	p 型高濃度拡散領域
CPS		赤	PS と同じ
CCH		黒	CH と同じ
CM1		淡青	M1 と同じ
CTH		黒	TH と同じ
CM2		青	M2 と同じ
CGL		黒	GL と同じ

ここで，寸法 λ は不純物をイオン注入する際のマスクの位置合せ誤差の最大値であり，素子領域 DA を安全にカバーするために図形を拡張している．

表 **5.3** は，表 5.1 に対応する論理マスクの例である．DA と DP の代わりに CDN と CDP が用いられている以外は物理マスクと論理マスクは一致している．以後，本章ではこの論理マスクを用いて設計規則を説明する．色はカリフォルニア工科大学の C. Mead らが定義した標準カラーである．また，表示パターンは，特に単一色でマスク層を表す必要がある場合に本書で用いる模様である．

5.2 λ ルール

幾何学的設計規則は

① 一つのマスク内図形の最小寸法及び最小間隔を規定したもの
② 複数マスク間の図形相互の最小重なり及び最小間隔を規定したもの
③ その他の付属的規則

に大別される．寸法基準には μm などの物理単位とスケーリング可能な論理単位 λ を用いる方法がある．前者は製造プロセスの性能を最大限引き出せる特徴があり，産業界では普通に用いられるが，見通しが悪いので本書では後者を用いて説明する．後者はカリフォルニア工科大学の C. Mead らが提唱したもので **λ ルール**と呼ばれる．λ ルールでは製造プロセスの最小線幅の半分を λ と定義する．例えば，最小線幅が $0.5\,\mu\mathrm{m}$ のルールでは $\lambda = 0.25\,\mu\mathrm{m}$ と置く．マスクパターンは **λ グリッド**と呼ぶ 1 目盛が「λ の整数倍の座標」上に描かれる（ただし，例外的に $\lambda/2$ の座標の使用が許される）．

λ ルールに準拠する設計規則の利点は，マスク設計が製造プロセスから独立していることである．具体的製造プロセスにマスク設計を適合させるには，そのプロセスの実際の設計規則に違反しないように λ の値を定める．通常の設計規則は最小寸法に関する制約条件が主であり，λ を大きめに定めることで実際の設計規則を満足させることが可能である．ただし，実際の設計規則は最小線幅の半分の整数倍にはなかなか収まらず，λ の整数倍に「切り上げる」ことになる．そのため，λ ルールは製造プロセスの許容限界までの微細寸法を記述できない欠点がある．反面，設計規則の本質を理解するためには都合が良い．

λ ルールを理解するには LSI の寸法限界を定める二つの要因について考えるとよい．第 1 の要因は微細パターンの「加工限界」である．小さすぎる形状や間隔は実現困難である．第

2 の要因は，二つのマスクパターンを重ね合わせる際の「合せ精度」である．FET やコンタクトホールは加工寸法と合せ精度が同時に向上しなければ全体として集積度が向上しない．λ は，この加工限界と合せ精度の二つの限界要因を一つの値 "λ" で代表したものである．言い換えると，パターン加工では λ 程度の寸法の揺らぎやばらつきが生じ，位置合せでも λ 程度の合せ誤差が生ずることを前提として λ ルールが定義されている[†]．

以下の設計規則の例は，古典的素子分離に準拠したもので，溝分離（STI）の場合は細部では異なる．

5.2.1　同一マスク内図形の最小寸法・最小間隔

図 5.3 は，同一マスク内の各図形の最小寸法と最小間隔を λ で示したものである．CGL

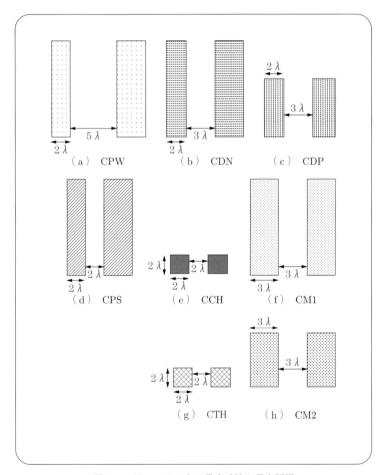

図 5.3　同一マスク内の最小寸法と最小間隔

[†] このように本来別々の限界パラメータを一つで表すことは近似手法である．しかし，一方だけが小さくても集積度は向上しないため，「最適化」した技術では両者がほぼ一致することが普通と考えられる．

はボンディング装置の精度で決まるためここでは規定されない．金属配線以外の最小寸法は 2λ である．金属配線（CM1，CM2）は特別の平坦化技術を用いないと凹凸の表面にパターン転写されるため，ここでは最小寸法と最小間隔はともに 3λ となっている．また，ウェル（CPW）で最小間隔が広くなっているのは，比較的深い接合を形成するため横方向拡散が生じることを考慮したものである．n 型や p 型拡散領域（CDN，CDP）の最小間隔が 3λ と広めにとってあるのも横方向拡散を考慮したものである（図 5.4 参照）．

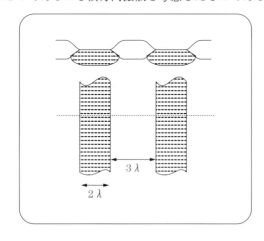

図 5.4 拡散領域（CDN，CDP）の断面

なお，コンタクト（CCH）とスルーホール（CTH）の最小寸法は同時に，最大寸法でもあることが多い．小さな深い穴の加工ではマイクロローディング効果†によってエッチング速度が穴の面積に依存するため，一定の面積に規定される場合が多い．

5.2.2　ウェルと拡散領域の最小重なり・最小間隔

図 5.5 は，p ウェル（CPW），n 拡散領域（CDN），p 拡散領域（CDP）間の最小間隔に関する規則である．この中で CDN と CDP は物理マスクでは同じ素子領域（DA）であり，最小間隔は 3λ である．CPW とウェル内の CDP は電気的に接続されており，同電位であるため特に間隔の規定はない．これに対し，ウェル内の CDN はウェル境界から 2λ 以上内側に離れている必要がある．一方，ウェル外の CDP は CPW と電気的に同電位でない限り 4λ 以上離れている必要がある．ウェル外の CDN は n 型基板と同電位であることに注意されたい．

図 5.5 の右側に示しているように，CDN と CDP は同電位の場合は例外的に接していてもよいことが多い．同電位であれば pn 接合の耐圧を必要としないためである．物理マスクではともに DA となることから「接しているか，3λ 以上離れているかどちらかである」必要がある．中途半端な値は許容されない．

---

† エッチング反応ガスが穴の中に滞留し，反応速度を低下させる現象である．

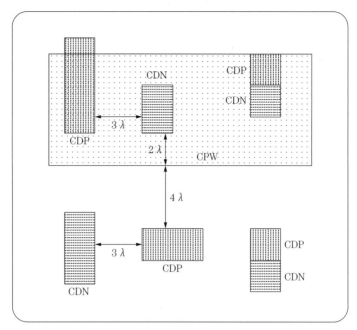

図 5.5 p ウェル，n 拡散，p 拡散領域間の最小間隔の例

5.2.3 FET に関する設計規則

図 5.6 は，ポリシリコン（CPS）と拡散領域（CDN あるいは CDP）とが交差する場合の相互関係を表したものである．CPS と CDN の交差部分には nFET が，CPS と CDP の交差部分には pFET が形成される．図には FET のソース，ドレーン，ゲートをそれぞれ S, D, G で示している．重なり部分が FET のチャネル領域となる．ソース及びドレーン領域となる拡散領域は最小 2λ 必要であり，交差を確実にするためにゲートとなるポリシリコンは 2λ 以上突き出していなければならない．また，交差部分を除き拡散領域とポリシリコン領域は

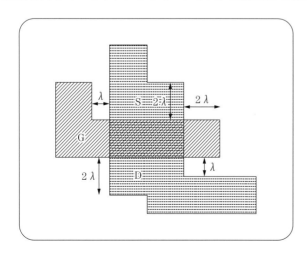

図 5.6 ポリシリコン（**CPS**）と拡散領域（**CDN, CDP**）の関係（**FET** に関する λ ルールの例）

70   5. 設 計 規 則

λ 以上離れていなければならない．この規則は FET を作らない場合でも必要である．

上記の設計規則の意味を理解するために，ポリシリコンマスク（CPS）と拡散マスク（CDN+CDP）が最大 λ だけ「位置合せ誤差」が生じた状況を図 5.7 (a) に示す．この場合でも少なくとも λ 幅のドレーン領域が確保されており，FET のチャネル（CPS と，CDN あるいは CDP との重なり部分）の形状の変化がなく，FET の電気的特性には大きな変化がないことが期待される．ゲートの「突出し」部分も λ だけ残っており，ソース–ドレーン間の分離も確保される．もし，最初の突出しが λ しかない場合は，図 (b) のようにソース–ドレーン間に「ごく細い拡散領域によるリークパス」が形成されるおそれがある．リークパスが生ずると FET のオフ特性が著しく悪化する．

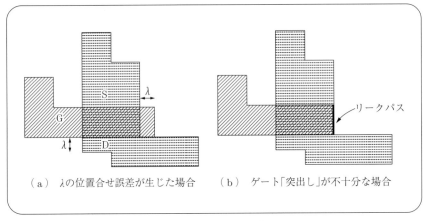

（a） λ の位置合せ誤差が生じた場合　　（b） ゲート「突出し」が不十分な場合

図 5.7　λ の位置合せずれ

5.2.4　コンタクト・スルーホールに関する設計規則

図 5.8 は，コンタクト・スルーホールに関する設計規則を示したものである．図 (a) から図 (c) は n 拡散（CDN）と金属 1 層（CM1），p 拡散（CDP）と金属 1 層（CM1），ポリシリコン（CPS）と金属 1 層（CM1）とを，それぞれコンタクトを用いて接続する構造である．接続する上下の層の図形はコンタクト（CCH）より λ 以上拡張された図形である必要がある．この λ 拡張は位置合せのずれ対策であり，図 5.9 にコンタクトに対して金属 1 層と n 拡散層がそれぞれ左と上に λ だけ位置ずれを生じた状況を示す．λ だけ拡張しているため接続面積（CM1&CCH&CDN）は変化せず，コンタクト抵抗（上下の層の接続抵抗）もほぼ変化しないと期待される．

図 5.8 (d) は，金属 1 層（CM1）と金属 2 層（CM2）をスルーホールで接続する構造である．コンタクトと同様に，金属各層は λ だけ拡張された図形となっている．また，平坦化に特別な工夫を施した場合を除き，チップ表面の過度な凹凸を抑えるため，コンタクトやスルー

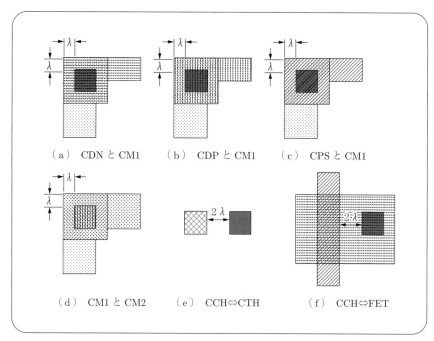

図 5.8 コンタクト・スルーホールに関する設計規則

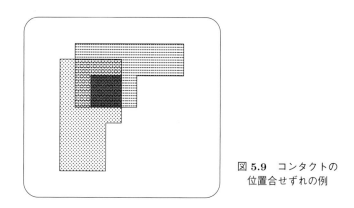

図 5.9 コンタクトの位置合せずれの例

ホールは図 (e) のように 2λ 以上離れている必要がある．

図 (f) は，コンタクトと FET のチャネル領域が 2λ 以上離れている必要を示したものである．加工工程に敏感な FET のチャネル部分をコンタクトホールのエッチング工程の影響から守るための規則である．拡散領域へのコンタクトだけでなく，ポリシリコンへのコンタクトも同様である．

5.3 基板コンタクト

FET はソース,ドレーン,ゲート及びバックゲートを持つ四端子素子である.バックゲートはウェルまたは基板であり,通常は pFET では電源 (V_{DD}),nFET では接地 (Gnd) に接続されている.これのためのコンタクトを特に**基板コンタクト**と呼ぶ.図 5.10(a) の nFET の場合はバックゲート (p ウェル) を Gnd に接続し,図 (b) の pFET の場合はバックゲート (n 型基板) を V_{DD} に接続する.これにより,p ウェルと n 型基板の間の pn 接合は逆バイアスされ,ウェルと基板が電気的に分離される.

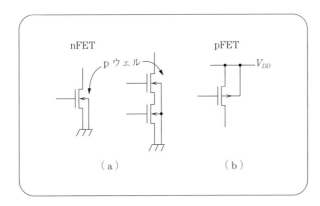

図 5.10　基板コンタクト

バックゲート電位を固定しないと,動作時にバックゲート電位が変動し,FET のしきい値も変動するため,ヒステリシス動作のような不安定動作となる.また,後述のラッチアップ状態に落ち込みやすくなる.基板コンタクトの取り方の例を図 5.11 に示す.FET のソースとバックゲートが同電位の場合,「隣接して」基板コンタクトをとってよいことが多い.p ウェルでは高濃度 p 拡散 (p^+) にコンタクトをとり,n 型基板では高濃度 n 拡散 (n^+) にコンタクトをとる[†].固定したいバックゲート電位は FET のチャネル直下の電位であり,設計規則図 5.8(f) に準拠し,できるだけ近い位置に基板コンタクトをとる.コンタクトの数は多いほどよい.

n 型基板上のすべての pFET のバックゲートは共通の電源 (V_{DD}) に接続され,同一 p ウェル内のすべての nFET のバックゲートは共通の接地 (Gnd) に接続される.この接続は,比

[†] p ウェルや n 型基板には直接コンタクトをとれない.高濃度拡散なしでコンタクトをとると「ショットキー接合」となり,整流特性を持つため十分な接続ができない.

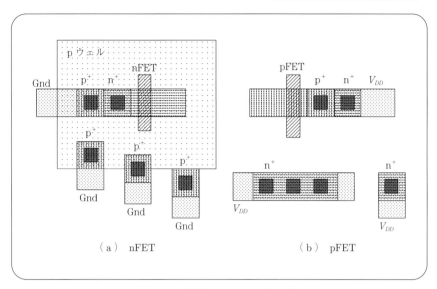

図 5.11　基板コンタクトの取り方

較的抵抗の高い p ウェルや n 型基板を介するため外乱には強くない．そこで，FET のバックゲートやソース・ドレーンをより完全に外部からシールドするには，**図 5.12** のように FET を低抵抗の高濃度拡散リングで囲み，リングを電源あるいは接地に接続する．これを**ガードリング**と呼ぶ．入出力周りの雑音対策や，特に雑音に敏感なアナログ回路などで用いる基板コンタクトの一手法である．

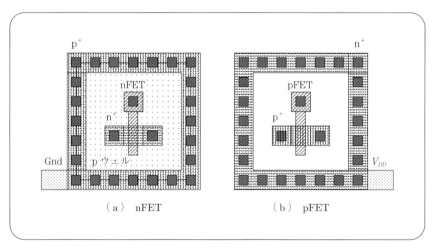

図 5.12　**FET のガードリング**

5.4 ラッチアップ

図 5.13 は CMOS インバータの断面の例である．図に示しているように，p ウェルと n 型基板にそれぞれ nFET の高濃度 n 拡散と pFET の高濃度 p 拡散があるため，電源から接地に至る V_{DD}–p$^+$npn$^+$–Gnd というパスが存在する．pnpn 接合は**サイリスタ構造**と呼ばれ，pnp と npn の BJT（バイポーラトランジスタ）が図 5.14 (a) のように接続された等価回路で表される．

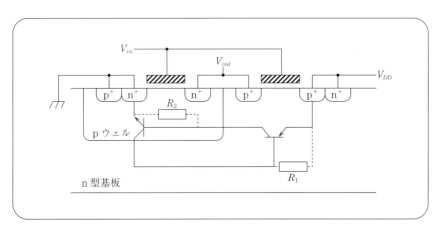

図 5.13　CMOS インバータの断面の例

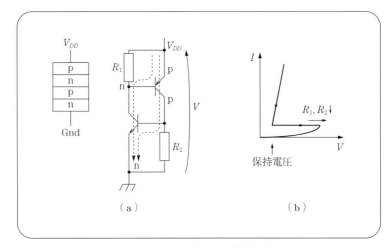

図 5.14　サイリスタの等価回路

等価回路の抵抗値 R_1, R_2 は基板コンタクトが十分であれば小さくなり，BJT がオンしにくくなる．しかし，R_1, R_2 が大きい場合，サイリスタ回路は外来雑音や急激な電源電圧の変化により BJT がオンし，いったん電流が流れ始めると，サイリスタ固有の正帰還作用により電流が増大し大電流が流れ続ける（図 (b) 参照）．この電流は，電源電圧がサイリスタ保持電圧以下に低くなるまで続く．これを**ラッチアップ現象**という．ラッチアップが生じるとチップは恒久的熱破壊を起こす．設計者はラッチアップが生じないよう留意してレイアウト設計及び回路設計する必要がある[†]．

◎ ラッチアップ対策

① 基板コンタクトを十分とり R_1, R_2 を小さくする．FET 1 個につき，1 個以上の基板コンタクトが好ましい．
② チップの入出力信号などの外来雑音源からチップ内部の CMOS 回路を遠ざけ，雑音源あるいは内部回路をガードリング・ガードゾーンでシールドする．
③ サイリスタを構成する nFET と pFET をできるだけ遠ざけ，寄生 BJT の等価ベース幅を広げ，BJT の電流増幅率を下げる．
④ CMOS では電源の急激なオンを避け，また入出力回路への雑音混入を避けるように注意する．

特にチップの入出力回路では上記対策②のため，通常の設計規則で許される基準とは別の基準が設けられるのが普通であり，同時に対策①や④を実施する必要がある．

5.5 電気的パラメータ

LSI 設計では回路特性を予測するために等価回路パラメータを知る必要がある．最も重要なパラメータは FET の特性パラメータである．ポリシリコンやウェル領域，高濃度拡散領域は金属配線に比べ抵抗が高く，これらを抵抗素子として用いる場合はもちろん，配線として用いる場合の寄生抵抗効果を評価するために抵抗パラメータが必要となる．金属配線でも長い配線では抵抗が無視できなくなる．コンタクトやスルーホールも抵抗を持つ．キャパシタについては通常，FET のゲート容量が面積当りで最も大きな値をとる．高濃度拡散領域やウェルの容量は，ゲート容量ほど大きくはないが正確な性能解析には無視できない．ポリシ

[†] 急峻に電源電圧が上昇すると，pnpn 接合の接合容量により電流が流れ，サイリスタをトリガする．dV_{DD}/dt は一定値以下に抑える必要がある．

リコンや金属配線の対地，あるいは配線相互間の容量は単位面積当りでは最も小さいが，配線長が長くなるにつれ回路性能を支配するようになる．

5.5.1　FETの電気的パラメータ

FETの電圧電流特性を定める電気的パラメータの一例を表5.4に示す†．

表5.4　FETの電気的パラメータの例

	nFET	pFET	単位	説明
K_p	0.15	0.05	mAV^{-2}	プロセスゲイン
V_{T0}	0.6	−0.6	V	基板バイアスがゼロのときのしきい電圧
γ	0.8	0.6	$V^{1/2}$	基板バイアス効果
λ	0.1	0.2	V^{-1}	チャネル長変調効果

FETのしきい電圧V_Tとドレーン電流は次式のようになる．

$$V_T = V_{T0} + \gamma(\sqrt{V_{BS} + 2\phi_B} - \sqrt{2\phi_B}) \approx V_{T0} + \gamma\sqrt{V_{BS}} \tag{5.3}$$

$$I_D = \frac{I_{SAT}}{1 - \lambda(V_{DS} - V_{SAT})} \approx I_{SAT}(1 + \lambda(V_{DS} - V_{SAT})) \tag{5.4}$$

ここで，V_{SAT}, I_{SAT}はFETがちょうど飽和領域に入った点でのソース–ドレーン電圧とドレーン電流である．FET電流の2次近似式の場合は次式で与えられる．

$$I_D = \begin{cases} K_p \dfrac{W}{L}\left((V_{GS} - V_T)V_{DS} - \dfrac{1}{2}V_{DS}^2\right), & V_{DS} \leq V_{GS} - V_T \\ \dfrac{1}{2}K_p \dfrac{W}{L}(V_{GS} - V_T)^2(1 + \lambda(V_{DS} - V_{GS} + V_T)), & V_{DS} > V_{GS} - V_T \end{cases} \tag{5.5}$$

ここで，W, LはFETのチャネル幅とチャネル長である．LSI設計者が自由にできる設計パラメータはW, Lである．より高精度のFETのモデル式は解析的取扱いには向いておらず，おもに回路シミュレーションで用いられる．回路シミュレータとしては，米国カリフォルニア大学で開発されたプログラムSPICEが著名であるが，高精度モデルでは多数のパラメータが必要となる．

5.5.2　抵抗パラメータ

LSIではウェル，拡散領域，ポリシリコン，金属配線は図5.15に示すように薄膜構造とし

---

† これは一例である．技術の進歩によりパラメータは大きく変わる．表中のV_{T0}は$V_{BS}=0$のときのしきい電圧であり，式(1.20)のV_{t0}とは$V_{T0} = V_{t0} + \gamma\sqrt{2\phi_B}$の関係にある．

5.5 電気的パラメータ

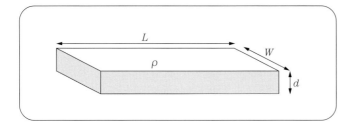

図 5.15 薄膜構造の抵抗体

てモデル化できる．

抵抗 R は抵抗率 ρ を用いて次式で与えられる．

$$R = \frac{\rho L}{Wd} = \rho_\Box \frac{L}{W} \quad \left(\rho_\Box \equiv \frac{\rho}{d}\right) \tag{5.6}$$

ここで，$\rho_\Box$ はシート抵抗と呼ばれ，単位は〔Ω〕であるが，通常の抵抗と区別するため〔Ω/□〕を用いる．通常，レイアウト設計者は抵抗体の厚さ d を指定できず，設計できるパラメータは L/W であるため，抵抗設計のためのパラメータはシート抵抗で与える．シート抵抗は「正方形の抵抗体の持つ抵抗値」である．

コンタクトとスルーホールも一定の抵抗を有する．コンタクトやスルーホールの形状は多くの場合，一定であることから固有の抵抗で与えられる．例えば，図 5.16 の構造は第 1 メタルとポリシリコンを接続するコンタクト抵抗の例であるが，全体の抵抗 R は，「第 1 メタルの抵抗 + コンタクト抵抗 + ポリシリコンシート抵抗」となる．

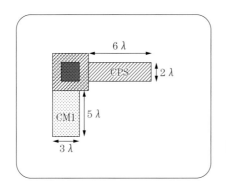

図 5.16 コンタクト抵抗を含めた計算

第 1 メタルのシート抵抗，コンタクト抵抗，ポリシリコンシート抵抗をそれぞれ ρ_{M1}, r_C, ρ_{PS} とすると

$$R = \frac{5}{3}\rho_{M1} + r_C + \frac{6}{2}\rho_{PS} \tag{5.7}$$

で与えられる．これらのポリシリコンシート抵抗やコンタクト・スルーホール抵抗は，製造プロセスに依存する．一例をそれぞれ表 5.5，表 5.6 に示す．

表 5.5　シート抵抗の例

抵抗層	ポリシリコンシート抵抗〔Ω/□〕	説　明
p ウェル	150	CPW
高濃度 n 拡散	40	CDP
高濃度 p 拡散	80	CDN
ポリシリコン	40	CPS
第 1 メタル	< 0.05	CM1
第 2 メタル	< 0.04	CM2

表 5.6　コンタクト・スルーホール抵抗の例

接　続	コンタクト抵抗〔Ω〕	説　明
第 1 メタル–n 拡散	< 100	CM1–CDP
第 1 メタル–p 拡散	< 150	CM1–CDN
第 1 メタル–ポリシリコン	< 80	CM1–CPS
第 1 メタル–第 2 メタル	< 0.1	CM1–CM2

5.5.3　容量パラメータ

　LSI の動作速度の限界はゲート回路の動作速度で決定されるが，既に述べたように FET や配線抵抗と容量（キャパシタ）との積 RC で決定される．そのため，高速動作の LSI 設計では常に容量に留意する必要がある．図 5.17 に LSI の断面モデルを示しており，各層の間の重なり部分に容量が発生することが分かる†．

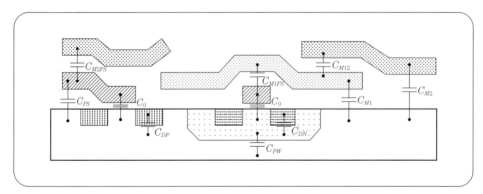

図 5.17　LSI の断面モデルと容量パラメータ

　容量の最も基本的計算モデルは，容量値が重なり部分の面積に比例する「平行平板モデル」である．電極の重なり部分の面積を S とし，単位面積当りの容量を C_A とすると，容量 C は

$$C = C_A S \tag{5.8}$$

で与えられる．平行平板モデルでは電極の周囲の「フリンジ電界」を考慮していない．より

---

† 寸法の縮小化が進んだ LSI では，たとえ重なりがなくても近接導体間の容量が無視できなくなってくる．その場合は 2 次元，3 次元の電磁界シミュレータなどで計算して値を推定する必要がある．

精度の高い計算モデルでは電極の周辺の効果を考慮する．面積を S，周辺長を P とすると

$$C = C_A S + C_P P \tag{5.9}$$

で与えられる．ここで，C_P は単位周辺長当りの容量である．周辺長の効果は拡散層で顕著である．図 **5.18** に示すように拡散層は接合深さを持っており，底面の面積当りの容量効果とともに側面の容量効果が重要となる．側面積は周辺長に比例するため，式 (5.9) のように周辺長当りの容量を加算することで精度を向上できる．

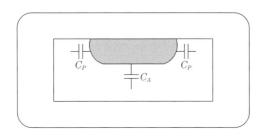

図 **5.18** 拡散層の周辺長容量効果

図 5.17 に示す容量の中で，単位面積当りの最大のものは，ゲート容量 C_0 である．この容量は厳密にはバイアス電圧に依存する非線形容量である．更に FET がオフ状態では「ゲート–基板間容量」として現れ，FET がオン状態のときには「ゲート–ソース間容量」，「ゲート–ドレーン間容量」として現れる．FET がオン状態の場合は，ゲート面積当り最大

$$C_0 = \frac{\varepsilon_{ox}}{t_{ox}} \tag{5.10}$$

で与えられる．ここで，ε_{ox}，t_{ox} はそれぞれゲート酸化膜の誘電率と膜厚である．線形動作領域ではこの容量はほぼソースとドレーンに均等に分配されるが，飽和動作領域ではおもにそのほぼ 2/3 がソースに分配され，ドレーンには分配されない[†]．

通常，ゲート酸化膜に次いで大きな容量値は拡散層容量 C_{DN}，C_{DP}，C_{PW} である．これらも非線形容量であるが，単位面積当りの容量はシリコンの誘電率と空乏層厚さとの比で与えられる．他の配線層間容量などは層間絶縁膜の誘電率と膜厚の比で与えられる．LSI の微細化とともにゲート酸化膜や空乏層厚さは比例的に小さくなり，ゲート容量や拡散容量の面積当りの容量値は反比例的に大きくなる．一方，層間絶縁膜はそれほど変化しないため，面積当りの容量値もあまり変化しない．表 **5.7** に容量パラメータの例を示す．

[†] 飽和領域ではチャネルとドレーン間の電気伝導は「ピンチオフ」し，電流はゲート電圧に依存しなくなり交流的に切り離される．また，チャネル電位がゲート電圧に依存するため，ゲート–ソース間容量も平行平板モデルの値とは異なってくる．

表 5.7 容量パラメータの例

容量	面積容量 〔fF/μm²〕	周辺容量 〔fF/μm〕	説明
C_0	1.4	0.2	ゲート–ソース間
C_{PW}	0.10	–	CPW–基板間
C_{DN}	0.35	0.20	CDN–CPW 間
C_{DP}	0.36	0.20	CDP–基板間
C_{PS}	0.070	0.10	CPS–CPW・基板間
C_{M1}	0.030	0.10	CM1–CPW・基板間
C_{M2}	0.015	0.085	CM2–CPW・基板間
C_{M1PS}	0.050	0.10	CM1–CPS 間
C_{M2PS}	0.020	0.095	CM2–CPS 間
C_{M12}	0.045	0.10	CM1–CM2 間

5.6 エレクトロマイグレーション

電源配線の幅は信号線の設計規則に加え，抵抗による電圧降下や長期信頼性の観点の配慮が必要である．中でもエレクトロマイグレーションと呼ばれる断線現象は，図 5.19 に示すように，電子の運動量が衝突によって金属原子に移され，金属原子が「電子の風に流される」ように移動して断線を引き起こす現象である．金属材料によって強度は異なるが，アルミニウム合金配線の場合は $1\,\mathrm{mA/\mu m^2}$ 以下に電流を抑える必要がある．電源配線層の厚さを約 $1\,\mathrm{\mu m}$ とすれば，$100\,\mathrm{mA}$ には $100\,\mathrm{\mu m}$ 以上の線幅が必要となる．

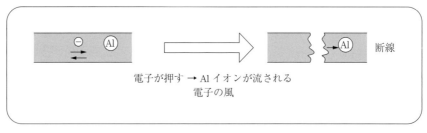

図 5.19 エレクトロマイグレーション

銅（Cu）配線では，この制限は緩和されるものの LSI チップの消費電流は増加傾向にあり，また電源雑音の低下のためにも電源配線幅は可能な限り広くとることが必要である．

5.7 入出力回路

　外部との接続端子であるパッド領域の寸法は組立て精度に関係することを既に述べた．更に，入出力回路の駆動には内部回路の駆動とは異なる特別の配慮が必要である．図 5.20 に示すように，パッドはそれ自体，数 pF の容量を持つだけでなく，外部回路の配線容量や外部負荷容量が加わるため，通常，数十 pF の負荷となる．チップ内部は数 fF から数十 fF の負荷容量の世界であるので，内外では 1 000 倍から 10 000 倍の容量差がある．そのため 2 章で述べたように，等比数列的に駆動力の大きなバッファチェーンを用いてパッド回路を駆動する必要がある．図は 3 状態制御機能を付加した出力パッド駆動回路の例である．$Enb = 1$ のときパッドには出力信号 Out が出力され，$Enb = 0$ のときパッドは高抵抗状態となる．

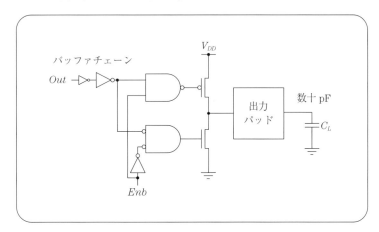

図 5.20　出力パッド駆動回路（3 状態制御機能付加）

　一方，パッドからの信号を入力する場合には十分信号振幅があり，駆動速度も十分であれば特定の駆動回路は必要ない．しかし，図 5.21 に示すように，チップ外部からは静電気によるパルス性のサージ雑音（electro-static discharge, **ESD**）が入り，チップ内部回路を静電破壊する可能性がある．ESD 防止には保護回路を挿入する必要がある．一般に，LSI 内部の FET ゲート酸化膜や pn 接合は数 V から数十 V の電圧で絶縁破壊を引き起こす．ESD 耐性を調べるために LSI チップを取り扱う人や機械をモデル化し，図 5.22 に示すような破壊試験が行われる．ここで，静電破壊を引き起こす V_{ESD} の最小値がそのチップの静電破壊耐性を示す指標値となる．通常は，人体をモデル化したヒューマンモデルでは数百 V，機械をモ

82   5. 設計規則

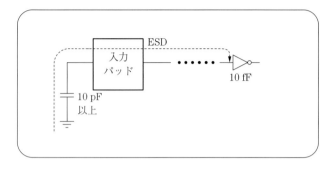

図 5.21 パッド入力の ESD 破壊

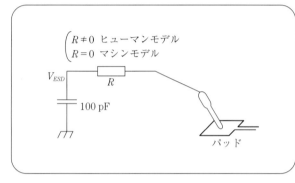

図 5.22 ESD 耐性試験

デル化したマシンモデルでも数十 V 以上の ESD 耐性が要求される．

　一定の ESD 耐性を得るには「入力保護回路」を設ける必要がある．図 5.23 はダイオードクランプを用いた入力保護回路の例である[†]．図の破線で示したように，パッドから入力されるサージ電流は電源・グラウンドに接続されたダイオードにクランプされ，インバータ入力には直接伝わらないように工夫されている．ここで，ダイオードには過渡的に大きな電流が流れるため十分低い等価抵抗となるように設計し，サージ電流に対しても破壊されない大きさと構造を有する必要がある．また，サージ電流がダイオードを流れる際に発生する電子や

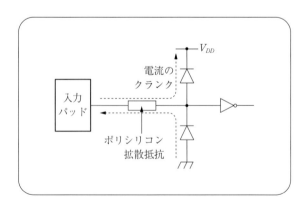

図 5.23 ダイオードクランプ入力保護回路

[†] pn 接合ダイオードとともに，MOSFET のゲートとドレーンを短絡した「MOSFET によるダイオード」も用いられる．

ホール電流がラッチアップのトリガとならないよう配慮する必要がある．図 5.24 はクランプダイオードをガードリングで他から隔離した保護回路の例である．

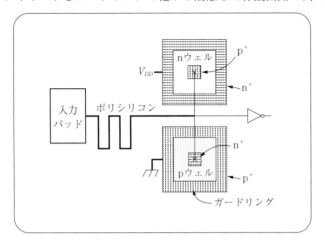

図 5.24　ガードリングによる保護回路のレイアウト例

本章のまとめ

❶ **物理マスクと論理マスク**　製造側が用いるマスクと設計側が用いるマスクである．物理マスクは論理マスクに図形演算を施すことで作成される．

❷ **設計規則**　広義の設計規則は「幾何学的設計規則」と「電気的特性パラメータ」からなり，ともに製造側から設計側に与えられる規則である．幾何学的設計規則は「図形の大きさ」，「図形の間隔」，「図形の重なり」などを規定したものである．電気的特性パラメータは各 FET の電圧電流特性を定義し，配線などの素子の抵抗や容量を定義する．

❸ **λ ルール**　幾何学的設計規則を一つの変数 λ の整数倍で表したものである．微細加工技術と設計規則を独立させる意図がある．

❹ **基板コンタクトとラッチアップ**　pFET と nFET の基板（バックゲート）をそれぞれ電源と接地に接続する．これにより各 FET の特性を安定させ，CMOS 固有の pnpn 構造（サイリスタ構造）が導通して過電流により LSI が破壊される可能性を低減する．

❺ **エレクトロマイグレーション**　電子の持つ運動量により金属配線が徐々に切断する現象である．配線材料により最大電流密度が決められている．

❻ **ESD 耐性**　入出力回路は静電放電現象（ESD）による外部からの高電圧の過渡信号にさらされる．これに対し，十分な信頼性を確保するためには，ダイオードなどを用いたクランプ保護回路が必須となる．

5. 設計規則

●理解度の確認●

問 5.1 マスク A からマスク B との重なり部分を取り去る演算 "A − B" を表 5.2 の演算の組合せで実現せよ.

問 5.2 表 5.2 の演算の組合せで，マスク A の各図形を δ だけ小さくする演算 $[A]_{-\delta}$ を実現せよ.

問 5.3 式 (5.2) では CDN の拡張と CDP の拡張が重ならない限り DN $\subset \overline{\text{DP}}$ となり，DN の代わりに DP の反転を用いることができる．一方，図 5.2 のように CDN と CDP が接している場合には式 (5.2) の DN と DP が重なり，n 型不純物と p 型不純物がともにイオン注入される不都合が生ずる．どのような図形演算で正しい DP を導出できるか.

問 5.4 図 5.5 のルールでは，p ウェル内の CDN と p ウェル外の CDP とがそれぞれウェル境界から 2λ と 4λ 離れている必要がある．ウェル内外で値が異なる理由を考えてみよ.

問 5.5 CMOS の寄生サイリスタ構造のより正確な等価回路を図 5.25 に示す．BJT がオンするためのベース–エミッタ間電圧を $0.6\,\text{V}$ として，サイリスタの保持電圧が V_{DD} 以上となる抵抗の条件式を求めよ．ただし，BJT 電流増幅率は十分大きいとしてよい.

問 5.6 シート抵抗が $\rho_\square = 30\,\Omega/\square$ の抵抗体を用いて $600\,\Omega$ の抵抗を作りたい．幅を $2\,\mu\text{m}$ としたとき長さをいくらにすればよいか.

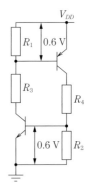

図 5.25　CMOS の寄生サイリスタ構造のより正確な等価回路

6 CMOSの基本ゲート回路

　本章では，CMOS 技術をベースとした LSI の中で用いられる基本ゲート回路について述べる．これらは，入力値を与えると一定の時間後，出力値が一意に決まる「組合せ論理回路」に用いる基本回路である．過去の入力履歴によって出力が決まる記憶回路については次章で述べる．

6.1 論理関数の種類

回路の詳細に入る前に，n 入力–1 出力の論理関数の種類について確認しておこう．**図 6.1** はその真理値表の概念図である．図より n 入力の論理関数の入力組合せは 2^n 通りある（図の真理値表の行数に対応する）．それぞれの入力の組合せに対し，出力は 1 あるいは 0 の値を任意に割り当てることで一つの関数が定義される．したがって，2^{2^n} 個の異なった関数を定義できる．これらの中には恒等的に 0 や 1 をとる関数も含まれるが，n の数の増加とともに関数の種類が急激に増加することが分かる．n が 1 では 4 種類，2 では 16 種類，3 では 256 種類，4 では 65 536 種類である．

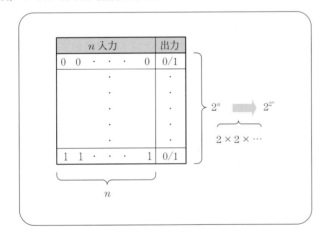

図 6.1　n 入力–1 出力の論理関数の真理値表

しかし，これら多数の論理関数のすべてが基本ゲート回路として用いられるわけではない．必要な複雑な論理関数を一つのゲート回路で構成するより，より簡単なゲート回路を複数接続した「論理回路」として実現する方が，設計の手数，チップ面積や回路性能面で利点が多いからである．そこで，ある種の規則性を持ち，実現も容易な基本的論理関数を基本ゲート回路としてあらかじめ設計しておき，「ライブラリー回路」として用いることが多い．

6.1.1 論理関数の単調性

論理関数は，**表 6.1** のように「単調関数」と「非単調関数」に分けられる．また，単調関数は正の単調関数と負の単調関数に分けられる．後で述べるように，一つのインバータ型ゲー

表 6.1　単調関数と非単調関数

単調性	極性	説明
単調関数	正	任意の入力の（0→1）変化 ⇒ 出力変化は（0→1）または不変
	負	任意の入力の（0→1）変化 ⇒ 出力変化は（1→0）または不変
非単調関数	—	上記以外

ト回路で実現できる論理関数は負の単調関数に限られる．

6.1.2　論理関数の対称性

関数の二つの入力 x_i と x_j について相互に入れ替えても関数が変わらないとき，関数は x_i と x_j に関し**対称性**があるという．関数のすべての入力対について対称性があるとき（完全）**対称関数**という．

単調関数であって，かつ完全対称関数に限定すると，n 入力関数の種類はそれほど多くない．

・正の単調対称関数

$$f_m(x_1 \cdots x_n) = \begin{cases} 1 & （入力の中で 1 のものが m 個以上の場合）\\ 0 & （上記以外の場合）\end{cases} \tag{6.1}$$

・負の単調対称関数

$$g_m(x_1 \cdots x_n) = \overline{f_m(x_1 \cdots x_n)} \tag{6.2}$$

基本ゲート回路には，上記の単調対称関数の特別なものが含まれる．n 入力の場合，f_n，g_n はそれぞれ論理積（AND ゲート）及びその否定（NAND ゲート）であり，f_1，g_1 はそれぞれ論理和（OR ゲート）及びその否定（NOR ゲート）である．また，入力の半数以上が 1 のとき出力が 1 となる関数を**多数決関数**（**MAJOR** ゲート）と呼ぶ．つまり $f_{n/2}$ である．多数決関数の否定（MINOR ゲート）は $g_{n/2}$ となる．3 入力多数決関数は，後に説明する全加算器のキャリー回路のために用いられる．

$$\left.\begin{aligned}
\text{AND}(x_1 \cdots x_n) &\equiv f_n(x_1 \cdots x_n) \\
\text{NAND}(x_1 \cdots x_n) &\equiv g_n(x_1 \cdots x_n) \\
\text{OR}(x_1 \cdots x_n) &\equiv f_1(x_1 \cdots x_n) \\
\text{NOR}(x_1 \cdots x_n) &\equiv g_1(x_1 \cdots x_n) \\
\text{MAJOR}(x_1 \cdots x_n) &\equiv f_{n/2}(x_1 \cdots x_n) \\
\text{MINOR}(x_1 \cdots x_n) &\equiv g_{n/2}(x_1 \cdots x_n)
\end{aligned}\right\} \tag{6.3}$$

一方，非単調関数でかつ完全対称関数の種類は多い．この場合も完全対称性の定義から，入力の中の 1 の数，m の関数となる．$0 \leq m \leq n$ であることから非単調対称関数の数は

$2^{n+1} - 2n - 2$ となる．その中の特別なものは基本ゲート回路に含まれる．代表的なものは入力の中の 1 の数が奇数のとき 1 となり，偶数のとき 0 となる「パリティ関数（XOR ゲート）」やその否定（XNOR ゲート）である．2 入力のときの XOR を**排他的論理和**と呼ぶ．パリティ関数は排他的論理和の自然な拡張である．

2 入力論理関数 $f(a,b)$ について**表 6.2** にまとめて示す．ここで「真理値」は入力の組合せ $(ab) = \{00, 01, 10, 11\}$ に対する関数の値をこの順序で記したものである．表には同時にブール式表現と関数表示，単調性，対称性についても示している．正の単調関数を "+"，負の単調関数を "−"，非単調関数を "±" で表している．また，おもなゲート回路について論理回路で用いられる論理図記号（ゲート記号）を**図 6.2** に示す．

表 6.2　2 入力論理関数 $f(a,b)$

	真理値	ブール式	関数表示	単調性	対称性	説　明
1	0000	0				恒等的に 0
2	0001	ab	AND(a,b)	+	○	論理積
3	0010	$a\bar{b}$		±		
4	0011	a		+		
5	0100	$\bar{a}b$		±		
6	0101	b		+		
7	0110	$a \oplus b$	XOR(a,b)	±	○	排他的論理和
8	0111	$a + b$	OR(a,b)	+	○	論理和
9	1000	$\overline{a+b}$	NOR(a,b)	−	○	論理和の否定
10	1001	$\overline{a \oplus b}$	XNOR(a,b)	±	○	排他的論理和の否定
11	1010	$\bar{b}$	NOT(b)	−		否定
12	1011	$a + \bar{b}$		±		
13	1100	$\bar{a}$	NOT(a)	−		否定
14	1101	$\bar{a} + b$		±		
15	1110	$\overline{ab}$	NAND(a,b)	−	○	論理積の否定
16	1111	1				恒等的に 1

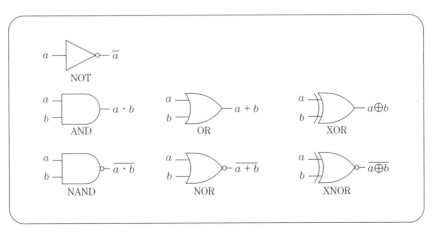

図 6.2　おもな基本ゲート回路の論理図記号

6.2 FETのスイッチモデル

　FET回路の論理動作を理解するには，FETを「スイッチ」として考えると分かりやすい．図6.3に示すように，nFETやpFETは「ゲート-ソース間電圧としきい電圧との大小関係でオン・オフする素子」である．電流の向きを考慮するとnFETとpFETは，それぞれ接地側と電源側の端子がソース端子となる．そこで「nFETのソース端子は接地され，pFETのソース端子は電源に接続されていると仮定」すれば，FETのゲート入力電位が1（電源に近い電位）のときnFETはオンに，pFETはオフになる．反対にFETのゲート入力電位がゼロ（接地に近い電位）のときnFETはオフに，pFETはオンになる．これがFETのスイッチモデルであり，図6.4のように「リレー」を用いて表現される（リレーの入力は電流では

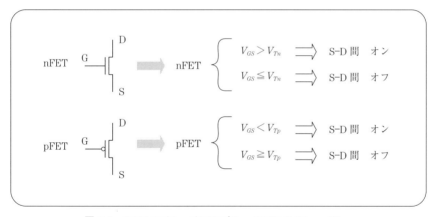

図6.3　**FET**のオン・オフモデル，**pFET**の V_{GS}, V_{Tp} は通常，負であることに注意

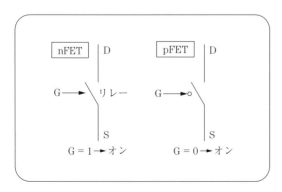

図6.4　**FET**のスイッチモデル，図の**pFET**の**G**入力の"○"は否定を表し，**0**のときオンすることを意味する．

なく，電位である）．

スイッチモデルの成立前提である上記の仮定が成立するか考えてみる．FET回路のnFETとpFETがそれぞれ出力をプルダウン，プルアップするために用いられているとする．その場合，出力が0となるときはプルダウン経路上のnFETのソース，ドレーン端子はすべて最終的に0となる．反対に出力が1となる場合はプルアップ経路上のpFETのソース，ドレーン端子はすべて最終的に1となる．そこで，出力が0となる過程では，プルダウン経路上，接地側から出力側に向けて順次nFETがオン，各nFETのソース端子が0となっていくことが理解できよう．出力が1となる過程はpFETについて同様のことが生ずる．したがって，プルダウン経路がnFET，プルアップ経路がpFETで形成される限り，スイッチモデルが成立することが分かる．

しかし，逆にpFETでプルダウンする場合（図6.5(a)参照）やnFETでプルアップする場合（図(b)参照）はスイッチモデルは完全には成立しない．nFETでは電流の向きからプルダウンする場合（図(c)参照）は接地側がソース端子となり，プルアップする場合（図(b)参照）は出力側がソースとなる．pFETではプルダウンする場合（図(a)参照）は出力側がソースとなり，プルアップする場合（図(d)参照）は電源側がソースとなる．そのため図(c)や図(d)では出力が変化してもゲート–ソース間の電圧には変化がなくオン状態を維持する．一方，図(a)や図(b)では出力が変化するとゲート–ソース間電圧が変化（絶対値が減少）し，FETのしきい値に近付く．出力がV_{Tn}あるいは$V_{DD}-|V_{Tp}|$に到達した時点でFETはオフ状態となる．つまり，出力電圧はたかだか$V_{Tn} \sim V_{DD}-|V_{Tp}|$の範囲までしか，プルダウン・プルアップできない．

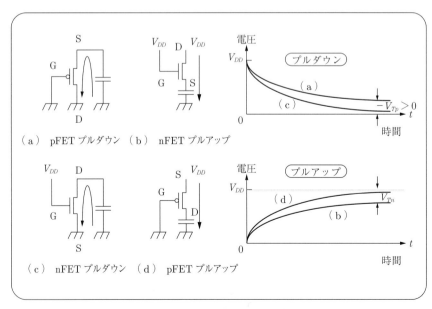

図6.5　nFET・pFETとプルダウン・プルアップ特性

図6.5では便宜上，1個のFETの場合を示しているが，複数のFETからなる回路網でも，プルダウンパス（プルアップパス）に1個でもpFET（nFET）があると同様の現象が生ずる．これらのことから以下のようにまとめられる．

◎ プルアップ・プルダウンの原則

pFETはプルアップに適し，nFETはプルダウンに適する．

ただし，上記の特性を承知の上で原則を破る回路もあることに注意されたい．

6.3 NAND・NORゲート回路

LSIでよく用いられる基本回路は負の単調性を持つ対称ゲートである．論理積の否定（NAND）や論理和の否定（NOR），更に否定（NOT）などはその代表例である．負の単調性により一つのインバータ型CMOS回路として実現でき，対称性のため構造も簡単となる．

図6.6(a)にNOT回路（インバータ），図(b)に2入力NAND回路，図(c)に2入力NOR回路とそれぞれの論理図記号を示す．nFET回路とpFET回路でそれぞれプルダウンとプルアップを行うインバータ型CMOS回路の典型である．NAND回路ではすべての入力が1のときプルダウン回路が導通し，NOR回路では一つ以上の入力が1のとき，プルダウン回路が

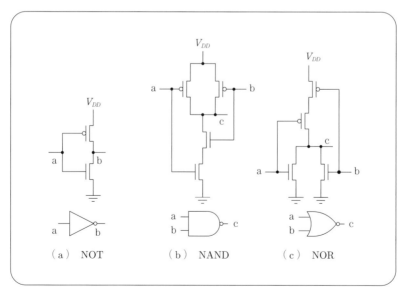

図6.6 NOT・NAND・NOR回路と論理図記号

導通する．プルアップ回路はそれぞれプルダウン回路と「相補的」動作をする．つまり，一方がオン・オフのとき他方はオフ・オンとなる．そのため定常時には電流は電源から接地に流れない．

6.3.1 多入力NAND・NORゲート回路

NAND ゲート回路，NOR ゲート回路の入力数を増やすには直列，並列のトランジスタをそれぞれ増やせばよい．図 6.7 は 4 入力 NAND ゲート回路である．プルアップとプルダウン回路は相補的にオン・オフし，直並列トランジスタ数を増やすことで望みの入力数の NAND ゲート回路を構成できる．ただし，論理関数としては正しい構成でも，動作速度に注意が必要である．直列トランジスタの数が増大するに従って回路の応答時間が急速に悪化する．NAND ゲート回路ではプルダウン回路，NOR 回路ではプルアップ回路が直列トランジスタとなり，状況は同様である．

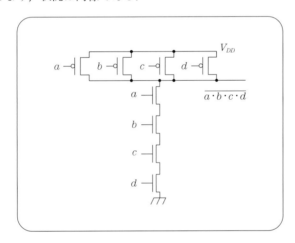

図 6.7 4 入力 NAND ゲート回路

FET の直列接続ノードの寄生容量を考慮すると，NAND ゲート回路のプルダウン回路はエルモアモデルを用いて 3 章の問 3.2 と同様なラダー回路で表すことができる．ここで，FET の等価線形抵抗，FET 接続ノードの寄生容量及び負荷容量をそれぞれ R, C, C_L とすると，この回路の出力が 1→0 に遷移する場合の最悪遅延時間はすべての容量が 1 に充電されている場合であり，放電の時定数はすべての放電パスの時定数の総和で与えられる．

$$\tau \approx RC + 2RC + 3RC + 4R(C + C_L) = 4RC_L + \frac{4(4+1)}{2}RC \tag{6.4}$$

これを一般化すると，n 個の直列トランジスタの場合は次式で与えられる．

$$\tau = nRC_L + \frac{n(n+1)}{2}RC \tag{6.5}$$

式 (6.5) より n 直列トランジスタ回路のプルダウン時間の最悪値は

$$\tau \propto \begin{cases} n : \text{負荷容量 } C_L \text{ が大きいとき} \\ n^2 : \text{負荷容量 } C_L \text{ が小さいとき} \end{cases} \tag{6.6}$$

となる．したがって，入力数を増やすとき直列トランジスタの数をそのまま増やすことは遅延時間の点で好ましくない．以下のように，高速多入力 NAND・NOR 関数を実現するには多段化する必要がある．

図 **6.8** は，n 入力 NAND 関数を 2 入力 NAND・NOR 回路を用いてツリー状の多段回路として実現する概念図である．

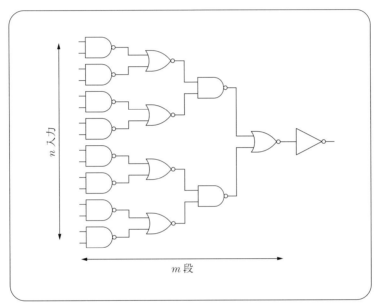

図 **6.8** n 入力 NAND 関数のツリー構成

NAND ゲート回路と NOR ゲート回路が交互に接続され，m 段のツリー回路と，m が偶数のときは AND 関数となるため，最終段に NOT ゲートが付加される†．段数 m は次式で与えられる．

$$m = \log_2 n \tag{6.7}$$

一般に，k 入力 NAND・NOR ゲート回路を用いてツリー状の多段回路を構成するとその段数は

$$m = \log_k n \tag{6.8}$$

となる．各段のゲートの遅延時間を入力数 k に比例すると仮定して（式 (6.6) 参照），ツリー回路全体の遅延時間を見積もると次式となる．

---

† NOR は負論理（0 と 1 を交換した論理系）では NAND の機能を有するため，図 6.8 は「AND ツリー」といえる．

$$\tau = \alpha k \log_k n \tag{6.9}$$

ここで，α は定数である．この式は，$k = e \approx 2.7$ で最小値をとる．したがって，高速の多入力 NAND・NOR 関数を実現するには，2 ないし 3 入力の NAND・NOR ゲート回路を用いてツリー状の多段回路を構成するとよい．入力数 k を増やせば全体の FET 数は減少し，チップ面積が小さくなると期待される．しかし，速度をある程度重視するなら入力数 k が 4 より大きな NAND・NOR ゲート回路を用いるべきではない．図 6.9 は 8 入力の AND 関数を実現した例である．

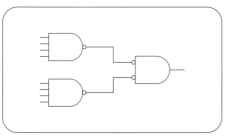

図 6.9 8 入力 AND 関数の 2 段回路構成の例

6.3.2　多入力NAND・NORゲート回路の時間非対称性

NAND・NOR ゲート回路は論理関数としては対称関数であり，各入力は論理的には交換してもよい．しかし，時間応答特性の点では非対称であることに注意する必要がある．このことは，多入力ゲート回路の入力信号の到着時刻にばらつきがある場合に重要となる．

図 6.10 の回路で次の二つの場合を考えよう．

① $B = C = D = 1$ のとき $A = 0 \to 1$ の入力遷移が生じた場合
② $A = B = C = 1$ のとき $D = 0 \to 1$ の入力遷移が生じた場合

入力信号の遷移が生じる時点で①では図の寄生容量 C はあらかじめ放電されているが，②では充電されたままである．

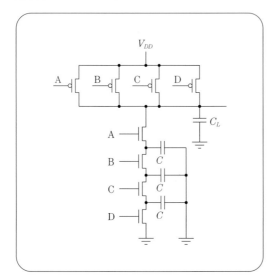

図 6.10 NAND ゲート回路の時間非対称性

したがって，①の場合の応答が速い†．以上のことは以下のように一般化できる．

◎ **クリティカル信号接続の原則**　入力に論理的対称性がある場合には，ゲート入力信号の中で最も遅れて到着する信号を，出力に近い FET のゲートに接続することが遅延特性上有利である．

なお，多入力ゲート回路のツリー構成による多段化や遅延時間非対称性の原理は，他の多入力ゲート回路にも当てはめることができる．

6.4 インバータ型複合ゲート回路

非対称であっても負の単調論理関数は1段のインバータ型ゲート回路で構成できるため，一見複雑な論理関数でもコンパクトなゲート回路として実現できることが多い．例えば

$$y = \overline{(a(b+c)+d)(eg+f)} \tag{6.10}$$

は7入力の論理関数であるが，負の単調関数であるので図 **6.11** (a) のようにコンパクトに実現できる．このような論理積や論理和が入れ子（ネスト）となったゲートを**複合ゲート**と呼ぶ．複合ゲート回路を論理図記号で表すには，図 (b) に示すような記号が用いられる．AND

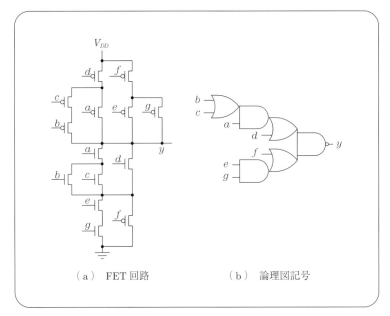

（a）FET 回路　　　（b）論理図記号

図 **6.11**　複合ゲート回路の例

---

† 厳密には3章で示したエルモア遅延の計算過程と同様な方法で容易に説明できよう．

とORのゲート記号を隣接させて接続し，一体的複合ゲート回路であることを示す．ANDとORのゲート記号が，それぞれnFET回路網の直列と並列接続に対応していることが分かる．

式(6.10)のように，論理積と論理和が入れ子になったブール式からFET網を作成するには「演算木」を考えればよい．図 **6.12** (a) はブール式 $ab+c(d+e)$ に対応する演算木を示したものである．演算木は演算の実行順序の関係を示したグラフであり，ルート（最上部）の演算が最後に実行される．リーフ（最下部）にはブール式の変数が示されており，下から上へと式が評価される．図 (b) はそれに対応する直並列回路である．演算木の最初の演算は $d+e$ であり，図 (b) の d と e の並列回路が対応する．次の演算は $d+e$ の値と c との論理積であり，図 (b) では c と「d と e の並列回路」との直列回路が対応する．これらと並行して $a \cdot b$ の演算が実行できるが，これは図 (b) では a と b との直列回路が対応する．最後に実行される論理和演算に対応して，図 (b) では演算木の演算順序に対応して（（a と b との直列回路）と（c と（d と e の並列回路）との直列回路）とが並列）に接続されている．

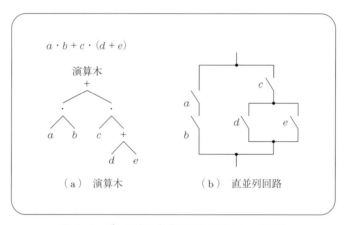

図 6.12 ブール式を実現する直並列スイッチ回路

このように，論理積と論理和とが入れ子になったブール式は，「直並列回路」として実現できることが分かる．図 (b) の各スイッチを nFET に置き換え，目的のブール式の論理を実現するインバータ型ゲート回路の「プルダウン回路」を得る．

一方，ブール式からプルアップ回路を設計するには，ド・モルガンの定理を用いてブール式の否定を求め，pFET 網を求めればよい．式 (6.10) の例では

$$\overline{y} = \overline{(a+\overline{b}\cdot\overline{c})\overline{d}+(\overline{e}+\overline{g})\overline{f}} \tag{6.11}$$

となり，図 6.11 (a) のプルアップ回路が得られる．ここで，各入力の否定は pFET の特性（スイッチモデル参照）で実現されているため，各入力の「否定」のためのインバータは必要ない†．

---

† ブール式で表現された論理関数を直並列回路網によるインバータ型ゲート回路で実現する場合，ブール式中の文字変数（リテラルともいう）の数が FET の数に対応する．リテラル数を最小化するよう因数分解することで FET 最小の回路が得られる．

6.5 グラフによる双対回路の導出

　式 (6.11) で求めたプルアップ回路と元のプルダウン回路は，回路トポロジーの上で「双対回路」となっている．ここでいう双対回路とは，相互に対応する回路部分が「直列には並列」，「並列には直列」回路となっているものである．前節で述べたインバータ型複合ゲート回路は，互いに双対関係にあるプルダウン回路とプルアップ回路により構成されている．この概念を回路グラフを用い，以下のように一般化できる．

　f に関するスイッチ回路網が平面グラフとして与えられているとする．図 **6.13** を例にとると，この回路がオン状態となるブール式はこのグラフの「タイセット」から得られる．二端子回路網のタイセットとは回路グラフ上の二端子を接続する「パス」の集合である．図の例では $\{ac, aed, bec, bd\}$ となる．この四つのパスの中の一つでも導通すれば，この二端子回路は導通するので

$$f = ac + aed + bec + bd$$

がこの回路のブール式（導通条件）となる．これは必要十分条件となっている．

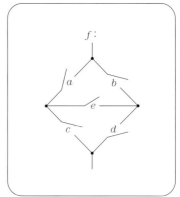

図 **6.13**　非直並列型スイッチ回路網の例

　これより前節の方法を用いると

$$\overline{f} = \overline{ac + aed + bec + bd}$$

をド・モルガンの定理により簡単化し，$\overline{f}$ の回路（プルアップ回路）を求めることもできる．しかし，この方法では図 6.13 とは似ても似つかない回路が得られる．

　また，逆に $f = ac + aed + bec + bd$ から図の回路を逆に求めることも容易ではない．図は直並列回路ではないからである．

　f の回路グラフが平面グラフであれば，ブール式を経由することなく，図 **6.14** のように双対グラフを作ることで $\overline{f}$ の回路グラフを作成できる．図 (a) の実線グラフが f のグラフであり，破線のグラフが $\overline{f}$ に対応する「f の双対グラフ」である．双対グラフの「ノード」は元のグラフのリンクで囲まれた「領域」であり，双対グラフのリンクは元のグラフと「直交」するように定義される．図 (b) のように双対グラフ $\overline{f}$ のスイッチ回路入力を元の入力の否定（pFET で実現する）とすれば，f と相補的にオン・オフする回路が得られる（図 **6.15** 参照）．

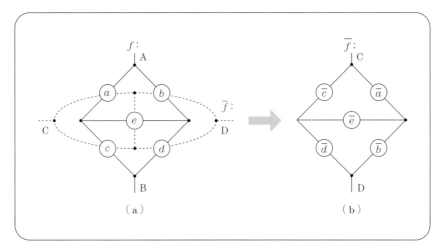

図 6.14　平面グラフの双対グラフ

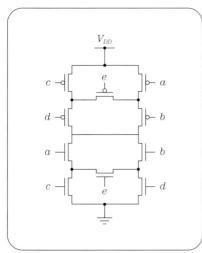

図 6.15　双対グラフによる
インバータ型 CMOS
ゲートの例

　このことを理解するには，図 6.14 (a) の破線のグラフのタイセット $\{ab, aed, ceb, cd\}$ が実線のグラフの「カットセット」であることに注意すればよい．二端子回路網のカットセットとは，回路グラフの二端子を切断するパスの集合である．図 (a) の例では $\{ab, aed, ceb, cd\}$ がカットセットであり，任意の一つ，例えば aed の各スイッチが開いていれば，図 (a) の A–B 間は導通しない．

　以上を一般化すると，相互に双対の関係にあるグラフでは，一方のカットセットが他方のタイセットとなる関係がある．したがって，一方のスイッチを nFET で実現し，他方を pFET で実現すれば，相補的にオン・オフする回路網が得られる．

本節の方法で視覚的にプルダウン回路からプルアップ回路を求めること（あるいはその逆）ができる．なお，後の例にあるように，相補的にオン・オフする回路は必ずしも双対回路である必要はない．

6.6 一般の複合ゲート

　負の単調論理関数は，前節のように一つのゲート回路として実現できる．また，正の単調論理関数は，まずその否定である負の単調論理関数をゲート回路として実現し，その出力にインバータ回路を接続すればよい．

　一般の非単調関数の場合も，関数がブール式で与えられればインバータ型複合ゲート回路といくつかのインバータ回路を接続して実現できる．与えられたブール式に否定演算子が含まれている場合は，ド・モルガンの定理を繰り返し適用して「入力変数にのみ否定演算子が含まれる」式へ変換できる．例えば

$$f = \bar{a} + \bar{b} + c + \bar{d} \tag{6.12}$$

であれば図 **6.16**(a) で実現できる．ここで，入力の否定はインバータ回路で実現している．

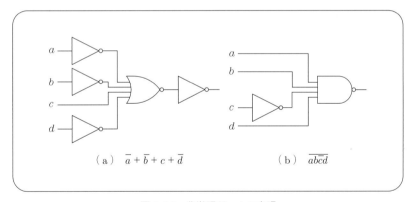

図 **6.16** 非単調ゲートの実現

　なお，非単調論理関数では $\bar{f}$ を求めることも重要である．上記の例では

$$\bar{f} = \overline{\bar{a} + \bar{b} + c + \bar{d}}$$
$$= ab\bar{c}d \tag{6.13}$$

となり，同じ関数が図 (b) のように，より少ないインバータ数で実現できる場合がある．式 (6.12) より，この関数が「より負の単調性が高い」ことから，否定を取ることで追加インバータ数が減少するのである[†]．

[†] このように入力変数にのみ否定演算子が含まれる式へ変形することで，否定演算の数から論理関数の単調性の正負を判断できる．

6.6.1 排他的論理和

非単調関数の例として排他的論理和（XOR ゲート）を取り上げる．ブール式は次式のとおりである（これは正負の単調性が拮抗した例である）．

$$\begin{aligned} C &= A \oplus B \\ &= A \cdot \overline{B} + \overline{A} \cdot B \\ &= \overline{A \cdot B + \overline{A} \cdot \overline{B}} \end{aligned} \tag{6.14}$$

これより入力の否定のためのインバータゲートを別にすると，図 **6.17** のような回路が構成できる．なお，図 (a) のプルアップ回路はブール式 (6.14) から直接求めたもので，図 (b) はプルダウン回路の双対グラフから構成している．機能的には両者ともに同じである．

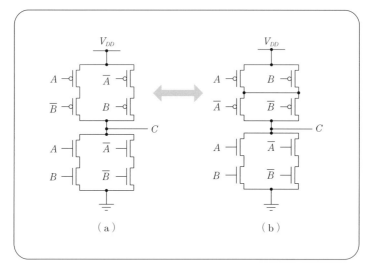

図 **6.17** XOR ゲートの複合ゲートによる回路構成

また，比較のために NAND・NOR・NOT の基本ゲート回路のみを用いて XOR 回路を構成した例を図 **6.18** に示す．複合ゲートを用いないため多くの基本ゲートを必要としている．

複合ゲートは一般に FET 数が少ない利点があるが，応答時間には注意しなければならない．多入力 NAND・NOR の場合と同様に，高速性を必要とする場合はプルアップ・プルダウン回路内の直列トランジスタ数をたかだか 3～4 程度以下に抑えるべきである．それ以上となる場合は，多段のゲート回路網として実現することを考える必要がある†．

---

† 与えられた論理関数を多段のゲート回路網として実現する場合，どのように分割すべきかについては最適化手法は知られていない．しかし，コンピュータの発展により近似的に最適解を得る手法は知られており実用化されている．この場合，必要な応答時間と回路規模にはトレードオフ関係がある．

6.6 一般の複合ゲート

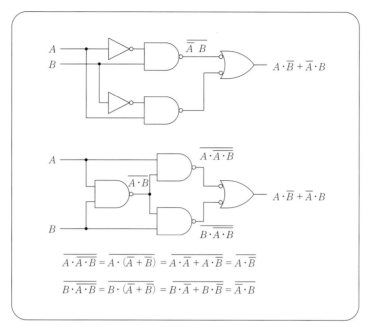

図 6.18 基本ゲートによる XOR 回路の構成例

6.6.2 インバータ型セレクタ回路

セレクタ回路は複数の入力から 1 個を選択する回路である．選択制御信号を a, b とし，被選択信号を x_0, x_1, x_2, x_3 とする．4 入力セレクタ回路のブール式は次式のように表される．

$$y = \overline{a}\,\overline{b}x_0 + \overline{a}bx_1 + a\overline{b}x_2 + abx_3 = \overline{\overline{\overline{a}\,\overline{b}\,\overline{x_0} + \overline{a}b\overline{x_1} + a\overline{b}\,\overline{x_2} + ab\overline{x_3}}} \qquad (6.15)$$

この式から図 6.19 のゲート回路が導かれる．図の出力は負論理であり，正論理にするには更に出力を否定する必要がある．図 (a) のプルダウン・プルアップ回路はそれぞれ式 (6.15) の前・後の式に対応する．また，図 (b) の回路は式 (6.16) を共通変数でくくり出した次式に対応する．

$$y = \overline{a}(\overline{b}x_0 + bx_1) + a(\overline{b}x_2 + bx_3) = \overline{\overline{a(\overline{b}\,\overline{x_0} + b\overline{x_1}) + a(\overline{b}\,\overline{x_2} + b\overline{x_3})}} \qquad (6.16)$$

比較のため，図 (a) のプルダウン回路の双対回路をプルアップとした回路を図 6.20 に示す．この回路はプルアップパス上の FET 数が 4 となり，プルダウン回路（パス上の FET 数が 3）との対称性が悪い．複合ゲート回路では，このように機械的にプルダウン回路の双対回路をプルアップに用いることは必ずしも動作の対称性上好ましいとは限らない．回路の特性をよく考えた設計が必要である．

セレクタ回路は「万能論理ゲート」でもあり有用性が高い．図 6.21 のように x_0, x_1, x_2, x_3 に表 6.2 の真理値を当てはめることで，入力 a, b に関する 16 種類すべての論理を実現できる．8 入力セレクタ，16 入力セレクタを用いれば，それぞれ 3 入力，4 入力の万能論理ゲー

102   6. CMOSの基本ゲート回路

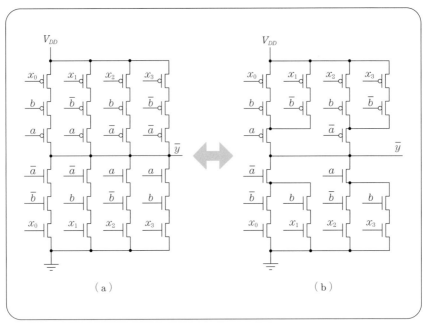

図 6.19　セレクタ回路（インバータ型ゲート回路の場合）

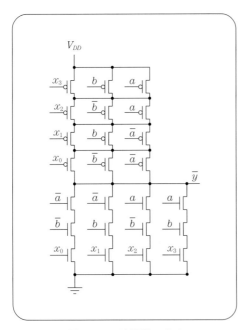

図 6.20　双対回路による
セレクタのプルアップ

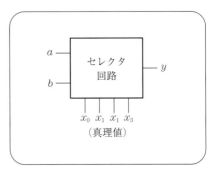

図 6.21　万能論理ゲート
としてのセレクタ

トを実現できる†．

---

† 真理値を書換え可能なメモリの値から与えることで「書換え可能な論理回路」が実現できる．これを利用したものに **FPGA**（field programmable gate array）がある．

6.6.3 インバータ型フルアダー（全加算器）

算術演算の基本単位として多用されるフルアダーのインバータ型ゲートでの実現法を示す．3入力2出力の演算単位であり，ブール式では次式のように表される．

$$\left.\begin{array}{l} Sum = a \oplus b \oplus c \\ Carry = a \cdot b + b \cdot c + c \cdot a \end{array}\right\} \tag{6.17}$$

いくつかの実現法があるが，ここでは $Carry$ を最小遅延時間で出力するもの（キャリー優先フルアダー）を示す．多くの応用で $Carry$ の伝搬時間が動作速度を支配するためである．まず，$\overline{Carry}$ を生成し，次に $\overline{Sum}$ を生成する．

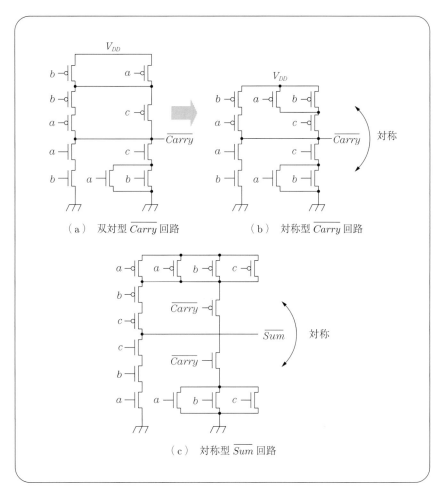

（a）双対型 $\overline{Carry}$ 回路　　（b）対称型 $\overline{Carry}$ 回路

（c）対称型 $\overline{Sum}$ 回路

図 6.22　キャリー優先フルアダー

$$\left.\begin{array}{l}\overline{Carry} = \overline{a \cdot b + b \cdot c + c \cdot a} = \overline{(a+b) \cdot c + ab} \\ \overline{Sum} = \overline{a \oplus b \oplus c} = \overline{a \cdot b \cdot c + (a+b+c) \cdot \overline{Carry}}\end{array}\right\} \quad (6.18)$$

式 (6.18) より，図 **6.22** に示すように，それぞれ 1 段のインバータ型ゲート回路として実現できる．まず，図 (a) は $\overline{Carry}$ 生成回路であり，ブール式よりプルダウン回路を直並列型で実現し，プルアップ回路をその双対回路として実現したものである．この回路は左側のプルアップパス (a→b→b) が明らかに冗長であり，図 (b) のように簡単化できる．結果としてプルアップ回路とプルダウン回路は「出力から見て対称な回路」になっている．同様に図 (c) は $\overline{Sum}$ のプルダウン回路を直並列回路として実現した後，双対回路としてのプルアップパスの冗長性を除き，対称回路として実現したものである．なお，これらの回路では入力 c が最も出力に近い位置にある FET に接続されていることに注意されたい．

6.7 パストランジスタ型ゲート回路

インバータ型ゲート回路に対峙するもう一つの回路形式がパストランジスタ型ゲート回路である．この形式の回路では入力信号が FET のゲートだけでなく，ソース・ドレーンにも接続される．

図 **6.23** は，パストランジスタ型回路の基本要素である「パスゲート」である．図 (a) は nFET だけを用いた nMOS パスゲートであり，図 (b) は pFET と nFET を並列接続した CMOS パスゲートである．論理的には両者は同じであるが，nMOS パスゲートが A から B へ $[0, V_{DD} - V_{TN}]$ の範囲の信号電圧しか伝達できないのに対し，CMOS パスゲートでは

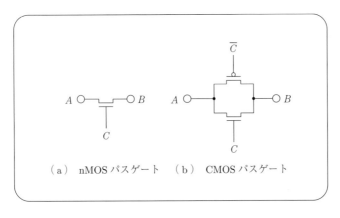

（a）nMOS パスゲート　（b）CMOS パスゲート

図 **6.23** パスゲート

$[0, V_{DD}]$ の信号電圧を伝達できる点で差がある．ここで，V_{DD}，V_{TN} はそれぞれ電源電圧と nFET のしきい電圧である．言い換えると，信号出力電圧をフルスウィングさせたいときには CMOS パスゲートを用いる必要がある．パスゲートは A と B について対称であり，信号は B から A にも伝わる．

パスゲートの機能は，制御信号 C が 1 のとき A の信号を B に（あるいは B の信号を A に）伝えることである．そのため，**トランスミッションゲート**または**伝送ゲート**などと呼ばれる．パスゲートは制御信号 C が 0 のとき A と B とを切り離す．A 側が入力の場合，B が他の導通パスに接続されていないなら「高抵抗状態（フローティング）」になる．これを 0, 1 に対し Z と表す．つまり，パスゲートは 2 値論理では十分表現できず，純粋の論理ゲートではない．しかし，以下の例で示すように，複合ゲート以上にコンパクトな論理ゲートを構成できる場合がある．

6.7.1　パスゲート型セレクタ回路

図 **6.24** は，パスゲートで構成した 2 入力及び 4 入力セレクタ回路である．図 (a) と図 (b) の各出力はそれぞれ式 (6.19) と式 (6.20) で与えられる．

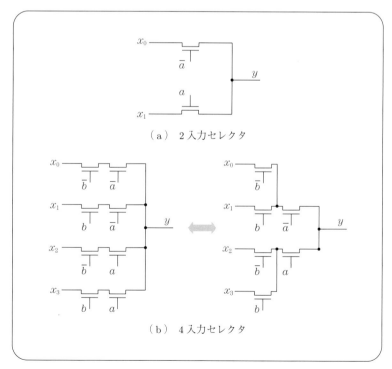

図 **6.24**　パスゲートによるセレクタ回路

$$y = \overline{a}x_0 + ax_1 \tag{6.19}$$

$$y = \overline{a}\,\overline{b}x_0 + \overline{a}bx_1 + a\overline{b}x_2 + abx_3 = \overline{a}(\overline{b}x_0 + bx_1) + a(\overline{b}x_2 + bx_3) \tag{6.20}$$

既に述べたようにセレクタ回路は万能ゲートであり，図 6.24 を用いてさまざまな回路が簡便に実現できる．例えば，式 (6.19) で $x_0 = B$，$x_1 = \overline{B}$，$a = A$ と置くと，次式のように排他的論理和が得られる．図 **6.25** はその構成例である．

$$y = \overline{A}B + A\overline{B} = A \oplus B \tag{6.21}$$

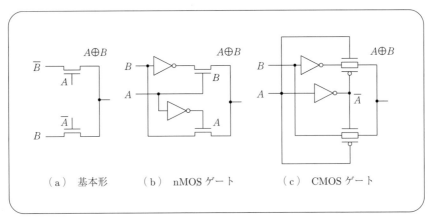

図 6.25 パスゲートによる排他的論理和の構成例

また，式 (6.19) で $x_0 = 0$，$x_1 = B$，$a = A$ と置くと論理積 $A \cdot B$ が，$x_0 = B$，$x_1 = 1$，$a = A$ と置くと論理和 $A + B$ が得られる．このように図 6.24 の回路で 2 入力あるいは一部の 3 入力の論理関数を実現でき，これを縦続接続することで必要な論理を簡便に実現できる．

注意すべき点は，パストランジスタ回路のソース–ドレーンの信号経路には増幅作用がなく波形再生機能がないことである．そのため多段に縦続接続する場合は，回路全体で直列トランジスタ数が増大する可能性に留意する必要がある．エルモアのモデルが示すように，直列トランジスタ数の 1 乗から 2 乗で遅延時間が増大する．そのため，直列トランジスタ数をたかだか 4 程度以下に抑えることが必要である．それ以上の数となる場合は適宜インバータ型の論理ゲートを挿入して波形を再生する．

6.7.2 パスゲート型フルアダー（全加算器）

有用性の高いフルアダーを再びパスゲートを用いて実現してみよう．ここでフルアダーは

$$\left.\begin{array}{l} Sum = (A \oplus B)\overline{C} + (\overline{A \oplus B})C \\ Carry = (A \oplus B)C + (\overline{A \oplus B})A \end{array}\right\} \tag{6.22}$$

と表される．この式と式 (6.19) を比較して，パスゲート型セレクタを用いてフルアダーを構成すると図 **6.26** のように実現できることが分かる．図の $A \oplus B$ 及びその否定は図 6.25 あるいは後述の方法で生成する．

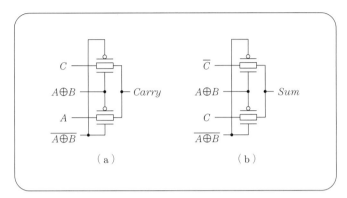

図 **6.26** パスゲートによるフルアダー

6.8 3状態ゲート回路

パスゲートは高抵抗状態を作り出す機能がある．インバータ型ゲートの出力にパスゲートを接続することで「3状態ゲート回路」を構成できる．図 **6.27** (a) はインバータ型ゲートの出力に CMOS パスゲートを接続したものである．このパスゲートの nFET と pFET は，それぞれプルダウンとプルアップに寄与するものであるため，図 (b) の構成でも同一の機能を実現できる．図 (b) の構成を**クロックト CMOS**（**C²MOS**）と呼ぶ．両者とも制御入力 C が 1 のとき，インバータ型 CMOS ゲートと同じ論理機能を実現し，C が 0 のとき出力は高抵抗状態 Z となる．

$$y = \begin{cases} f(x_1 \ldots x_n), & C = 1 \text{ のとき} \\ Z, & C = 0 \text{ のとき} \end{cases} \tag{6.23}$$

高抵抗状態の出力は，短時間であれば $C = 1 \rightarrow 0$ の時点での状態を保持できる．出力にはある値の容量が付いており，電荷として状態が記憶されるのである．これを**ダイナミック記憶**と呼ぶ．図 (a) と図 (b) との差は過渡電流にある．CMOS のインバータ型ゲートでは入力遷移時に，過渡的にプルアップ回路とプルダウン回路が同時に導通状態となり，電源から接

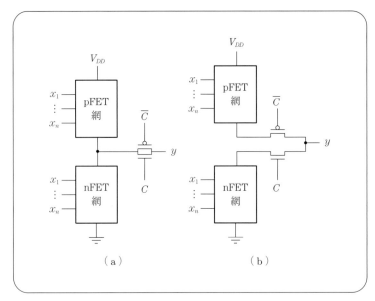

図 6.27 3状態ゲート回路

地へ「貫通電流」が流れる．しかし，C²MOS では入力遷移時に，一時的に $C=0$ とすることでこの貫通電流を抑制できる．

最も簡単な C²MOS ゲートは図 6.28 のクロックトインバータである．図 (b) に論理図記号も示した．なお，図 (c) は直列トランジスタの順番を入れ替えたものである．論理上は同じ機能を有するが，電気回路的には $C=0$ の場合の入出力間の分離特性が悪く，好ましくない構成である[†]．

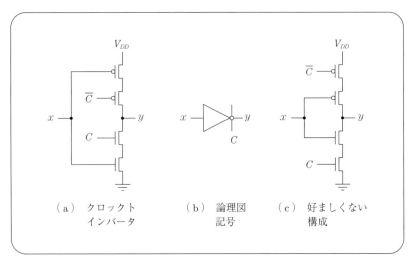

図 6.28 クロックトインバータ

[†] 東芝が C²MOS を提案した際には，配線層数の制約から制御ゲートは電源，接地側にあった．貫通電流抑制効果はあったが，入出力分離の点でダイナミック記憶には不向きであった．

図 **6.29** に 3 状態ゲートの応用例を示す．図 (a) はセレクタ回路を構成した例である．二つのクロックインバータの片方だけが出力を駆動し，制御信号により入力を切り替える機能がある．

$$\overline{y} = C \cdot x_1 + \overline{C} \cdot x_2 \tag{6.24}$$

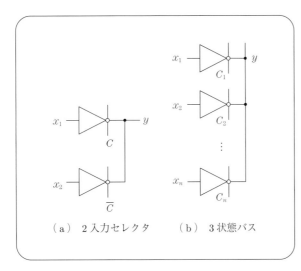

(a) 2入力セレクタ　　(b) 3状態バス　　図 **6.29** 3 状態ゲートの応用例

図 (b) はこれを一般化したもので，n 個の入力を選択的に出力に伝達する「3 状態バス」の構成図である．

$$\overline{y} = C_1 \cdot x_1 + C_2 \cdot x_2 + \cdots + C_n \cdot x_n = \sum_{i=1}^{n} C_i \cdot x_i \tag{6.25}$$

ただし，入力が異なる複数の制御信号が同時に 1 となってはならない．

$$\forall (i, j),\ x_i \neq x_j \Rightarrow C_i \cdot C_j = 0 \tag{6.26}$$

3 状態バスは，LSI 中の分散した複数の処理ユニット相互間のデータの授受に用いられる基本構成の一つである．

6.9　ダイナミック型ゲート回路

インバータ型ゲート回路には，nFET のプルダウン回路と pFET のプルアップ回路が必要であるが，論理の実現上，片方で十分であり冗長回路となっている．1970 年代に広く用いられた nMOS 回路や pMOS 回路では，それぞれプルアップやプルダウンのために負荷抵抗を

用いており，論理を一つのプルダウン・プルアップ回路のみで実現していた．これらの回路方式の欠点は，入力状態によっては定常電流が流れることであった．現在では，LSI 全体に古典的 nMOS 回路や pMOS 回路を用いることは，消費電力の点で困難となっているが，速度性能を重視する場合などに部分的に用いられることがある．nMOS 回路や pMOS 回路は CMOS 回路に比べ，負荷容量が半分程度となっているためである．この場合でも FET による制御機能付き負荷を用い，不必要なときには負荷抵抗をオフとして消費電力を抑えるのが普通である．

図 6.30 は，古典的 nMOS 型回路の負荷抵抗を pFET で置き換えた回路であり，**擬似 nMOS 回路**と呼ばれる．$\phi = 0$ のとき 8 入力 NOR ゲートとして機能し，$\phi = 1$ のとき負荷抵抗がオフとなる．nMOS 同様，この擬似 nMOS では負荷抵抗の値は，プルダウン回路のオン抵抗に比べ十分高いことが必要である．プルアップ負荷抵抗とプルダウン抵抗との比で論理ゼロの電圧レベルが決定されるため，nMOS や擬似 nMOS 回路は**比率型論理**と呼ばれる．これに対し CMOS 回路は**非比率型論理**と呼ばれる[†]．

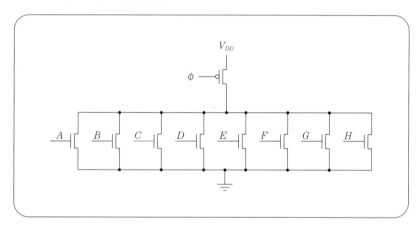

図 6.30 擬似 nMOS 回路

nMOS 型ゲート回路の欠点である定常電流問題を避けるために，図 6.31 のダイナミック型ゲート回路が用いられることがある．$\phi = 0$ で出力は入力 $A \sim H$ の値に関わらず $Y = 1$ となる．これを出力の**プリチャージ**と呼ぶ．次に，$\phi = 1$ になると入力 $A \sim H$ の値に従って出力は

$$Y = \mathrm{NOR}(A, B, C, D, E, F, G, H)$$

となる．このとき，すべての入力が 0 のときは出力はプルダウンされず $Y = 1$ に保たれる．Y は高インピーダンス状態となっているため，雑音の影響には十分注意する必要がある．リーク電流のため $Y = 1$ は一時的にしか保たれない．これが**ダイナミック型ゲート回路**と呼ば

[†] 比率型論理は比率設計を誤ると動作しない．また，ばらつきにも敏感で十分な注意が必要である．

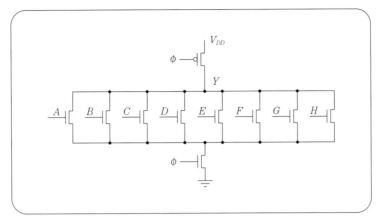

図 6.31　ダイナミック型ゲート回路

れる理由である．これに対し，入力信号に対し出力が安定に保たれるインバータ型ゲート回路やパストランジスタ型ゲート回路を**スタティック型ゲート回路**（**スタティック CMOS 回路**）と呼ぶ．

6.9.1　ダイナミック型ゲート回路の入力遷移の制約

図 6.31 の nFET の並列回路を任意の nFET 回路網に置き換えると，インバータ型ゲート回路と同様の任意の論理機能を実現できる．しかし，ダイナミック型ゲート回路では，$\phi=1$ の間に各入力 A〜H は $1\to 0$ の遷移をしてはならない．いったんプルダウンされた出力は $\phi=1$ の間はプルアップされないため，所望の関数動作とならないためである．一方，ダイナミック型ゲート回路の出力 Y の $1\to 0$ の遷移は $\phi=1$ の間に生ずる．このため，ダイナミック型ゲート回路はこのままでは「縦続接続」できない．

6.9.2　ダイナミック型ゲート回路の電荷再配分問題

ダイナミック型ゲート回路では $\phi=1$ のときでも，入力の $0\to 1$ の遷移は許容される．しかし，**図 6.32**(a) のように，論理を実現する nFET 回路網に直列トランジスタパスが存在する場合には注意が必要である．$\phi=1$ のとき，図の二つの nFET 網がともにオフであれば，出力 Y は 1 に保たれる．しかし，$\phi=1$ の間にある入力に $0\to 1$ の遷移が生じ，nFET 網 1 がオフからオンに変化したとすると，中間ノードの寄生容量 C_S に出力ノードの負荷容量 C_L の電荷が再配分される．最悪の場合

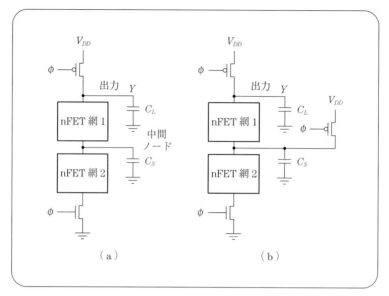

図 6.32　ダイナミック型ゲート回路の電荷再配分問題

$$V_{DD} \to \frac{C_L}{C_L + C_S} V_{DD} \tag{6.27}$$

に出力電圧が低下する．これを**電荷再配分問題**という．したがって，直列トランジスタパスを有するダイナミック型ゲート回路では $\phi = 1$ の間はすべての入力が安定していることが好ましい．さもなければ，十分負荷容量が寄生容量より大きくなるよう留意するか，図 (b) のように中間ノードの寄生容量もプリチャージする必要がある．

6.9.3　ドミノ回路

ダイナミック型ゲート回路がそのままでは縦続接続できない問題に対し，縦続接続される各段のプリチャージ制御信号 ϕ に位相の異なる信号を用いる「多相クロック法」があるが，動作速度や回路の複雑さの点で不利であり，高速回路では用いられない．これに対し，1相の制御信号 ϕ で縦続接続が可能な**図 6.33** のドミノ回路（将棋倒し回路）が知られている．ドミノ回路の構成単位（ドミノゲート）は，前述のダイナミック型ゲート回路の出力にインバータを接続したものである．

ドミノゲートが縦続接続されたドミノ論理回路では，$\phi = 0$ ですべての出力（インバータ出力）が 0（ドミノが立てられた状態）となる．$\phi = 1$ になると各出力は，0 のままとどまるか，0 から 1 に遷移する．いったん 1 に遷移すれば $\phi = 1$ の間は 0 に戻ることはない．これがドミノ倒し（将棋倒し）を連想させることから「ドミノ」の名が付けられている．ドミノ回路

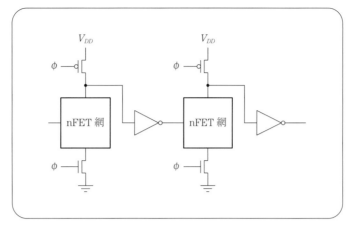

図 6.33 ドミノ回路

は，このように $\phi = 1$ の間，各出力は $0 \to 1$ の遷移しか生じないため縦続接続が可能である．

ただし，電荷再配分問題には依然として留意が必要である[†]．この問題を多少とも緩和するため，ドミノゲートに用いるインバータの論理しきい値は低めに設計する．

ドミノ論理回路はすべての論理関数を実現するものではない．ドミノ論理回路は，正の単調論理関数しか実現できないからである．任意の論理関数を実現するには，通常のスタティック CMOS 回路の助けを借りることになる．いったん，ドミノ論理回路からスタティック CMOS 回路に乗り換えた後は，ドミノ論理回路に戻ることはできない．

6.10 一般化 CMOS ゲート回路

インバータ型ゲート回路，パストランジスタ型ゲート回路，3 状態ゲート回路，ダイナミック型ゲート回路などのさまざまな構成法を見てきたが，これらはより一般的な図 **6.34** の特殊な場合と考えることができる．図中の信号 $g_1, g_2, \cdots, g_n$ はパストランジスタ回路と同様に FET のソース・ドレーン端子に接続する信号（電源，接地を含む）である．$f_1, f_2, \cdots, f_n$ はそれぞれ nFET 回路あるいは pFET 回路で実現される．

図の出力 f は，FET 回路 f_i が導通（$f_i = 1$）のとき入力信号 g_i が伝わり，式 (6.28) で与えられる．

[†] 電荷再配分による電位の低下を回復するためにレベルキーパーと呼ばれる弱い負性抵抗回路（インバータ出力で制御された弱い pFET のプルアップ）をインバータの前に付ける場合も多い．

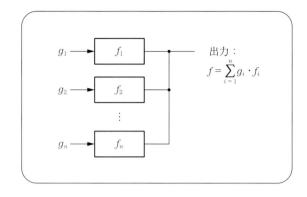

図 6.34　一般化論理ゲート回路

$$f = \sum_{i=1}^{n} g_i \cdot f_i \tag{6.28}$$

ただし，複数の f_i が同時に導通する場合は，それに対応する g_i がすべて同じ値をとる必要がある．この必要十分条件は次式で与えられる．

$$\forall (i,j)\ f_i = f_j = 1 \quad \Rightarrow \quad g_i = g_j \tag{6.29}$$

式 (6.29) を満足するには $f_i \cdot f_j = 0\ (i \neq j)$ であれば十分である．この場合の回路は「入力 g_i の中のたかだか一つを出力に伝えるセレクタ回路」となる．また，出力が確定するには少なくても一つ以上の f_i が導通している必要がある．

$$\sum_{i=1}^{n} f_i = 1 \tag{6.30}$$

$\sum f_i = 0$ の場合には出力はフローティング状態（高抵抗状態）になる．積極的にこのような状態を持つように設計したゲート回路が 3 状態ゲートである．

出力をフルスイングさせたい場合には更に条件が必要となる．出力を 0 にフルスイングさせるには，一つ以上の f_i 中の nFET 網で $g_i = 0$ に接続する必要がある．出力を 1 にフルスイングさせるには，一つ以上の f_i 中の pFET 網で $g_i = 1$ に接続する必要がある．これらを見通しよく表現するために表 6.3 の論理値を用いるとよい．式 (6.28) の各項はこれらの値をとる．値を「接続（ワイヤード OR）」する演算は表 6.4 で定義できる．すべての入力に対し 1，0 をとる関数がフルスイング出力関数である．1，0，Z をとる場合は 3 状態関数であり，

表 6.3　一般化ゲートでの論理値（多値）

論理値	意　味
1	完全な 1．pFET 網でプルアップ
0	完全な 0．nFET 網でプルダウン
H	不完全 1．nFET 網でプルアップ
L	不完全 0．pFET 網でプルダウン
Z	フローティング．ハイインピーダンス

表 6.4　一般化ゲートのワイヤード演算表

+	1	0	H	L	Z
1	1	–	1	–	1
0	–	0	–	0	0
H	1	–	H	–	H
L	–	0	–	L	L
Z	1	0	H	L	Z

L，H が含まれる場合はフルスイングしない場合がある関数となる．表中の "–" は禁止演算であり，このような関数を実現すると大電流が流れ誤動作の原因となる．

図 6.34 は一般的であるが，例えば $n=2$，$g_1=1$，$g_2=0$ とし，$f_1=f$，$f_2=\overline{f}$ とすると，図 **6.35** に示すようにインバータ型 CMOS ゲート回路に帰着される．

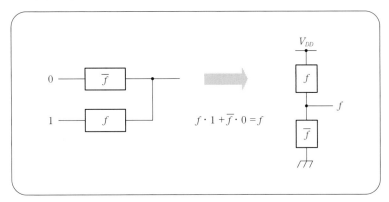

図 6.35 インバータ型 CMOS ゲート回路に帰着される場合，f は pFET 網，$\overline{f}$ は nFET 網とする．

また，排他的論理和を一般化ゲートで構成した例を図 **6.36** に示す．ここで，フルスイングを必要としないなら図の CMOS パスは不要であるが，nFET のプルアップ（$B=0$）と pFET のプルダウン（$B=0$）を補うために CMOS パスが用意されている．

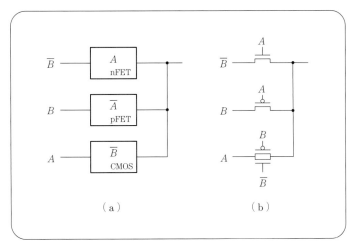

図 6.36 一般化ゲートによる排他的論理和

この構成は，図 6.25 (c) の構成（8 トランジスタ構成）に一見すると似ているが，図 **6.37** に詳細回路を示すように，6 トランジスタで構成される最小のフルスイング XOR 回路である．なお，nMOS 構成の XNOR（$\overline{A \oplus B}$）でよければ 3 素子の図 **6.38** で実現できる．ここで，「抵抗」は擬似 nMOS と同様に，弱い pFET のプルアップ回路である．

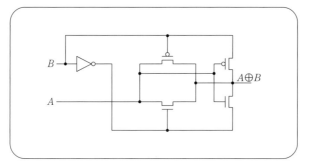

図 6.37 6素子 XOR ゲート

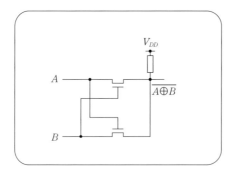

図 6.38 3素子 XNOR（nMOS 構成）

6.11 2線式論理ゲート

　これまで述べてきたゲート回路方式は **1線式論理**と呼ばれるもので，1本の信号線で論理値の1，0を伝達する．一方，2本の信号線を用いて論理値 x と $\bar{x}$ を同時に伝える回路方式を **2線式論理**と呼ぶ．常に論理値とその否定が回路中で利用でき，インバータが不要で高速回路となる利点がある．回路構成上は冗長であり，従来は高信頼回路などの特殊な目的で用いられてきた．しかし，現在では，電源電圧の低下に伴い信号電圧も小さくなり，雑音耐性の点でも有利な2線式論理が徐々に用いられるようになってきている．

6.11.1　CVSL（カスコード電圧スイッチ論理）

　この回路方式は論理関数 f と $\bar{f}$ の二つのプルダウン回路を用いるもので，プルアップ回路形式によりいくつかある．図 6.39 (a) はその基本形であり，図 (b) はスタティック型，図 (c) はプリチャージを必要とするダイナミック型である．スタティック型では相補的出力を利用

6.11 2線式論理ゲート

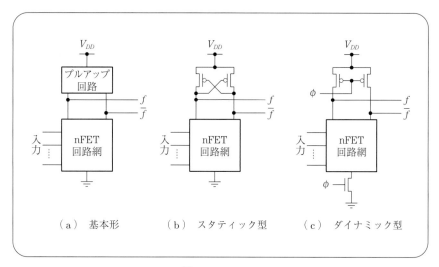

図 6.39　CVSL

して2個のpFETでプルアップ回路を構成し，定常的には電流消費のないCMOS流の回路を実現している．ただし，プルアップ回路の動作とプルダウン回路の動作に若干の時間差があり，電源−接地間の貫通電流が多いことには留意が必要である．

ダイナミック型の二つの出力にそれぞれインバータを付けたものを **CVSL**(cascode voltage switch logic)型ドミノゲートと呼ぶ．2線式のドミノ回路である．1線式の場合と同様の動作であるが，常に論理の否定が得られるため，すべての論理を構成できるという意味で「完備な論理ゲート」群を形成する．

CVSLの相補的出力は独立した二つのnFET網で生成する場合もあるが，図 6.40 の例に

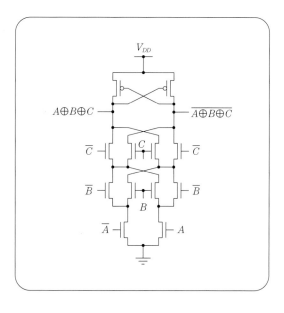

図 6.40　CVSLによる3入力パリティ関数

示すように相互に融合したネットワークとしてコンパクトに実現できる場合もある．なお，この例の nFET 網を合成するには，次項で述べる簡約化 BDD による論理表現を基にすると容易である．

6.11.2 BDD

論理関数をグラフ表現する方法に簡約化 BDD（簡約化二分決定線図）がある．これは図 **6.41** (a) に示すような，BDD（二分決定線図）を基に簡約化したものである．例えば，式 (6.31) のブール式を考える．

$$f = C \cdot (A + B) + A \cdot B \tag{6.31}$$

この式では A, B, C の 3 変数があるが，図 (a) は論理値を決定するとき C, A, B の順番で変数の値の「場合分け」をしたものである．C, A, B の値に応じてルート（最上位ノード）からリーフ（最下位ノード）への経路が定まる．リーフには論理値 1, 0 が割り当てられており，入力変数に応じて定まる経路の終端リーフの論理値が BDD の値となる．

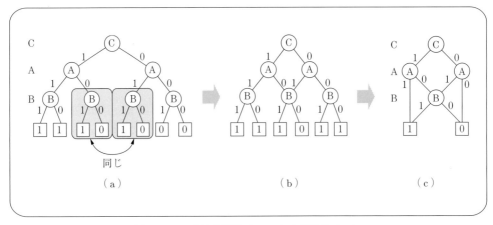

図 **6.41** 二分決定線図（**BDD**）と簡約化 BDD

BDD のグラフとしての規模は，このままでは入力変数 n について 2^n のオーダで大きくなるが，図 (a) でサークルで示されているように，二つの部分木で同形のものがあり，図 (b) のように部分木を「共有化」できる．更に，$C = 1, A = 1$ と $C = 0, A = 0$ の二つの経路では B の値によらずリーフの論理値は決まっていることが分かる．そこで，図 (b) のグラフは図 (c) のように簡単化できる．この例ではグラフの経路によらず入力変数の評価順序が定まっており，グラフの同形などの性質を利用して簡約化でき，**簡約化 BDD**（**ROBDD**）と呼ぶ．本書では特に断らない限り，BDD はこの形式のものを指す．

図 **6.42** は，パリティ関数 $Sum = A \oplus B \oplus C$ を BDD で表現したものである．パリティ

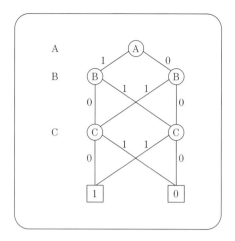

図 6.42 $A \oplus B \oplus C$ の BDD

関数の場合のグラフの規模は明らかに入力変数を n として n のオーダで収まる．この BDD 表現より図 6.40 の nFET 回路を容易に合成できる[†]．

6.11.3 CPL（相補的パストランジスタ論理）

2 線式論理をパストランジスタ形式で実現する方法もいくつか知られている．パスゲートで論理を組む際に f と $\overline{f}$ の両出力を同時に生成するもので，代表例に **CPL**（complementary pass logic）がある．

これらの回路形式の基本形を図 **6.43** (a) に示す．パスゲート網で生成した相補的出力 f と $\overline{f}$ を波形再生回路で増幅するものである．最も簡便にインバータを用いて波形再生を行う方式が図 (b) の CPL である．CPL は簡便で高速であるが，パスゲートは通常 nFET 網のため，インバータへの入力がフルスイングしない問題点があり，多くの改良型が提案されている．

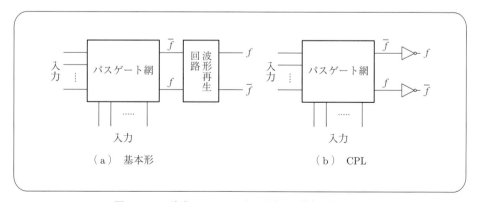

図 **6.43** 2 線式パストランジスタ論理の基本形と CPL

[†] 図 6.40 の nFET 網は図 6.42 の BDD を上下逆さにしたものと同形である．グラフの枝を nFET に置き換え，ラベルに応じて肯定入力・否定入力を FET のゲートに接続する．

2線式パストランジスタによる相補的論理生成の例を図 6.44 に示す．基本は図 (a) のセレクタであるが，このようにコンパクトに多くの回路が構成できることが特徴である．なお，図のゲートを多段に縦続接続する場合は波形再生機能がないため，3段ないし4段ごとに波形再生回路（インバータなど）を入れる．この段数を更に増やすには，波形再生に高感度差動型センスアンプなどを用いる必要がある．

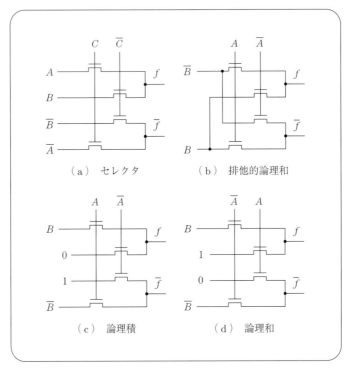

図 6.44　2 線式パストランジスタ回路例

本章のまとめ

❶ **論理関数の単調性**　任意の入力（変数値）が 0 から 1 に変化するとき，出力（関数値）が 0 から 1 に変化する（あるいは不変）とき正の単調性があるという．その否定関数は負の単調性がある．

❷ **論理関数の対称性**　二つの入力（変数値）を入れ替えても出力（関数値）が不変のとき，関数はその二つの入力について対称である．任意の入替えで出力が不変なら完全対称である．

❸ **FET のスイッチモデル**　論理回路中の nFET (pFET) は，入力が 1(0) のとき導通するスイッチとみなすモデルである．これには回路動作の結果，nFET (pFET)

のソース電極が回路中の接地（電源）電位と等しくなることが前提である．nFET（pFET）でプルアップ（プルダウン）するなど，前提条件が満たされない場合は不完全なスイッチとなる．

❹ **NAND・NOR ゲート**　　プルダウンが直列 nFET（並列 nFET），プルアップが並列 pFET（直列 pFET）の回路を NAND（NOR）ゲート回路という．入力数が多い場合は多段化するなど注意が必要である．また，論理的に完全対称でも，応答時間の点では非対称である．

❺ **インバータ型複合ゲート**　　負の単調性を持つ論理関数は，一つのプルアップと一つのプルダウン回路からなる複合ゲートとして実現できる．論理関数の演算木から合成できる．

❻ **プルアップとプルダウン回路の双対性**　　インバータ型回路のプルダウン回路とプルアップ回路は，ド・モルガンの定理あるいは双対グラフを用いて導出できる．

❼ **一般のゲート**　　負の単調性を有しない論理関数は，入力の否定や出力の否定を用いて負の単調関数に帰着することで❺の方法で合成できる．

❽ **万能論理ゲート**　　データ入力に真理値を与えることでセレクタ回路は任意の論理関数を実現できる．

❾ **パストランジスタ型ゲート**　　パスゲートを用いてセレクタを実現でき，それをベースに多種の論理関数をコンパクトに実現できる．

❿ **3 状態ゲート**　　インバータ型ゲートとパスゲートを組み合わせて 3 状態ゲートが実現できる．典型例にはクロックインバータがある．

⓫ **ダイナミック型ゲート**　　プルダウン回路をクロックで制御された nFET と pFET でそれぞれ接地，電源に接続することで，ダイナミック型ゲートが構成できる．出力にインバータを接続することで縦続接続可能なドミノ回路が実現できる．

⓬ **一般化ゲート**　　各種の CMOS ゲート回路は「一般化ゲート」としてモデル化できる．その一例には 6FET 排他的 OR ゲートがある．

⓭ **2 線式論理ゲート**　　否定信号と肯定信号の両方の信号を同時に用いる方式のゲートであり，代表例には CVSL や CPL がある．前者は二分決定線図，後者はパスゲートによるセレクタを基にコンパクトに実現される場合が多い．

6. CMOSの基本ゲート回路

────────●理解度の確認●────────

問 6.1 正負の単調対称関数は式 (6.1),(6.2) に限られることを証明せよ.

問 6.2 n 入力の非単調完全対称関数の種類が $2^{n+1} - 2n - 2$ となることを証明せよ.

問 6.3 式 (6.9) が $k = e \approx 2.7$ で最小値をとることを証明せよ.

問 6.4 ブール式 $ab + cd$, $(a+b)(c+d)$ を直並列スイッチ回路として実現せよ.

問 6.5 $f = ac + aed + bec + bd$ と $\overline{f} = \overline{ac + aed + bec + bd}$ に対応するスイッチ回路をド・モルガンの定理で求めよ.

問 6.6 ある平面グラフのカットセットは,その双対グラフのタイセットとなっていることを証明せよ.

問 6.7 直並列回路が入れ子になった回路グラフの双対回路グラフの作成手順を説明し,ド・モルガンの定理に帰着することを示せ.

問 6.8 インバータ型 CMOS 回路では,素子数を最小化したときプルダウン回路のスイッチの数とプルアップ回路の素子数が等しくなることを証明せよ(プルダウン・プルアップ回路グラフは平面グラフと仮定してよい).

問 6.9 図 6.17 の pFET プルアップ回路を式 (6.14) に双対定理を応用して構成してみよ.

問 6.10 3 入力のパリティ $A \oplus B \oplus C$ を求める CMOS ゲート回路を構成せよ.

問 6.11 式 (6.15),(6.16) について,それぞれ前・後の式が等しいことを証明せよ.

問 6.12 図 6.22 (c) は出力から見て対称な回路であるが,プルアップ回路をプルダウン回路の双対回路として実現し,プルアップパス中で冗長であるものを示せ.

問 6.13 2 入力のパストランジスタセレクタを用いて表 6.2 の各関数を実現せよ.

問 6.14 図 6.28 (c) では入出力の分離性が悪い理由を具体的に述べよ.

問 6.15 図 6.29 (b) の制御信号が $\sum_{i=1}^{n} C_i = 0$ となったとき,どのような状態が生ずるか.

問 6.16 5 変数のパリティ関数 $a \oplus b \oplus c \oplus d \oplus e$ の簡約化 BDD を示せ.

7 記憶回路

　これまで述べてきたゲート回路は，おもに入力の組合せで出力が決定される組合せ論理回路に用いるものである．LSI では論理値を記憶するメモリ回路も必須の要素である．記憶回路は短時間だけ記憶できる「ダイナミック型記憶回路」と，電源が入っていれば記憶し続ける「スタティック型記憶回路」，更に電源を切っても記憶が残る「不揮発性記憶回路」に分類される．熱的じょう乱など，外界からのじょう乱を避け得ない環境では，記憶を維持し続けるにはじょう乱に対抗できる一定のエネルギーが必要である．LSI では，電荷に由来する電気エネルギーと磁気モーメントに由来する磁気エネルギーが主として用いられてきたが，微細化技術の進展により素子を小さくすることで，材料の相変化など物理的形態の持つエネルギーなども合理的電力で制御できるようになってきた．

　本章では，これらの記憶回路の基礎について述べる．

7.1 記憶回路の基礎

7.1.1 ダイナミック型記憶回路

前章で述べたパスゲートや3状態ゲート回路を利用して,一時的に論理値を記憶するダイナミック型記憶回路を構成できる.図 **7.1** (a) はパスゲートとインバータを用いた最も基本的ダイナミック型記憶回路の例であり,図 (b) はその論理図記号である.制御信号 $\phi=1$ でパスゲートが導通し,入力信号 D の電圧状態を容量 C に電荷として取り込み,$\phi=0$ でパスゲートをオフとしてその値を保持する.インバータの入力は極めて高抵抗であり,パスゲートがオフのとき容量 C に保持された電荷は回路の他の部分から切り離される.電荷は,パスゲートやインバータ入力を経由する微小なリーク電流で消失するまで保持される.このように,図 (a) の回路は「短時間記憶回路」として利用できる.容量 C は意図的に挿入する容量のこともあるが,インバータの入力ゲート容量が用いられる場合も多い.

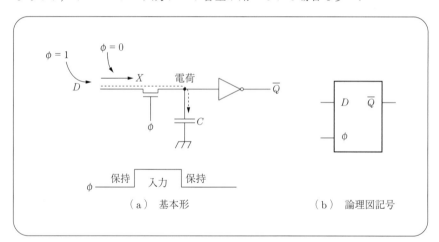

図 **7.1** ダイナミック型記憶回路

図では nMOS 型パスゲートを用いている.このため,入力信号電圧が $\phi=1$ の電圧より FET のしきい電圧だけ低い電圧 ($V_{DD}-V_{TN}$) までしか駆動できない.そのため図 **7.2** に示すように,インバータ回路の pFET の V_{GS} が $(V_{DD}-V_{TN})-V_{DD}=-V_{TN}\approx V_{TP}$ となり,十分なオフ状態とならない.したがって,インバータ回路にはわずかながらリーク電流が流れ,消費電流の増大の問題を生ずる.リーク電流を低減するために,信号を電源電圧

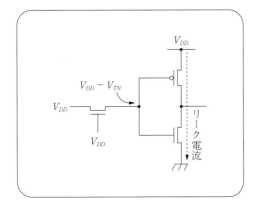

図 **7.2** nMOS 型パスゲートによるインバータのリーク電流

までフルスイングさせるには CMOS 型パスゲートを用いる必要がある．ただし，リーク電流の問題を理解した上で，チップ面積や動作速度の理由で，あえて nMOS 型パスゲートを用いることも多い．

7.1.2 記憶保持の物理

通常の LSI では「記憶は電荷エネルギーの蓄積」として実現される．このことは後述のスタティック型記憶回路でも同様である．記憶は論理的には物理エネルギーとは直接関係がないが，現実の環境ではじょう乱に耐えるため一定限度のエネルギー蓄積が必須である．

図 7.3(a) は，電荷をある場所に閉じ込め保持するためのエネルギー障壁の概念を示したものである．図 7.1 の回路の電荷はインバータのゲート酸化膜障壁，パスゲートのソース–ドレーン拡散領域と基板との pn 接合障壁，パスゲートのオフ状態のチャネル障壁などで守られ保持される．中でも，FET のゲート酸化膜がごく薄い場合を除き，図 (b) の矢印で示す FET のチャネルを通る「サブスレショルド電流」と pn 接合の「逆方向リーク電流」が記憶

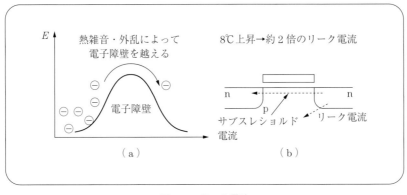

図 **7.3** リーク電流

保持時間を決めるおもなものである．両者とも，概念上は図 (a) のように，それぞれに固有の「エネルギー障壁を超える電子・正孔電流」である．サブスレショルド電流では，この障壁の高さは FET のしきい電圧程度であるため，FET の微細化が進み，しきい電圧が低くなるにつれてリーク電流が大きくなってきている．そのため，LSI の微細化が進むほど記憶の保持時間は短くなる傾向にある．

また，エネルギー障壁を超えるためのエネルギーはじょう乱である．LSI 内部からのじょう乱の典型は熱雑音であり，そのエネルギーは絶対温度に比例する．温度上昇によるリーク電流は急激に増大し，室温付近では約 8°C 上昇するとリーク電流は約 2 倍となる．このため 20°C から 100°C へ 80°C 程度上昇すれば，リーク電流は約 1000 倍に増加し，記憶の保持時間は 1000 分の 1 に減少する．

外部からのじょう乱には種々のものがあるが，特筆すべきものに α 線などの高エネルギー線の入射がある．高エネルギー線の持つエネルギーは pn 接合やチャネル障壁よりはるかに高く，障壁部分の近傍で電子・ホール対を数多く発生させた場合は，一定量の電荷の流失は避けがたい．この種の電荷の消失による誤動作を，回路の恒久的故障ではないことからソフトエラーと呼ぶ．対策には一定量以上の電荷を蓄積する必要がある，α 線のソフトエラーの場合，この値はおよそ数十 fC であるが，図 7.1 の容量に蓄えられる電荷がこの値以下の場合は，ダイナミック型，後述のスタティック型を問わず，ある確率で記憶が消失することを覚悟しなければならない．そのため，高信頼な回路とするには「エラー回復符号」の冗長化技術などを用いる必要がある．

7.1.3　セットアップ時間，ホールド時間

電荷を容量に蓄積する記憶回路では一定の「蓄積時間 τ_M」が必要である．この時間は図 7.4 の CR 時定数に相当する．一方，データ信号入力 D とパスゲートの制御信号入力 ϕ には図に示すように，それぞれ遅延時間 τ_1，τ_2 が存在する．そこで信号 D の安定しているべき時間と，ϕ が閉じるタイミングとの間には一定の制約関係が必要となる．図 7.5 に示すように，制御信号 ϕ が 0 となる時間を基準にして，それより前にデータが安定しているべき時間を**セットアップ時間** τ_S，その後もデータが安定しているべき時間を**ホールド時間** τ_H と呼ぶ．もし，上述の遅延時間 τ_1，τ_2 が無視できれば $\tau_H = 0$，$\tau_S = \tau_M$ である．有限の遅延時間に対しては次の関係式がある．

$$\left.\begin{array}{l}\tau_S = \tau_M + \tau_1 - \tau_2 \\ \tau_H = \tau_2 - \tau_1\end{array}\right\} \tag{7.1}$$

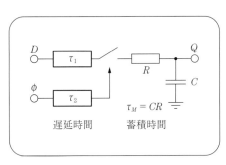

図 7.4 記憶の蓄積時間

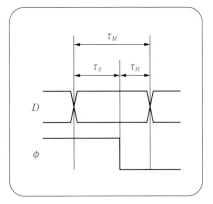

図 7.5 セットアップ時間，ホールド時間

このようにセットアップ時間とホールド時間は符号を含め任意に設定できるが，その和は一定値 τ_M であり，これは電荷の充放電時間に対応する．少なくともセットアップ時間，ホールド時間の間，入力は安定している必要がある．そうでない場合を**セットアップ時間エラー**，**ホールド時間エラー**と呼ぶ．

7.1.4 リフレッシュ動作

ダイナミック型記憶回路は短時間しか記憶を保持できない．そこで，記憶内容を定期的に更新することで記憶時間を延長することができる．これを**リフレッシュ動作**と呼ぶ．

図 7.6 はリフレッシュ動作を説明したものである．初段のインバータ回路のゲート容量に電荷として記憶されたデータを 2 段のインバータ回路で増幅する．リフレッシュ制御信号 ϕ_2 で FET をオンにし，増幅された信号で初段の入力電荷を定期的に更新（正帰還）する．リフレッシュ信号周期はダイナミック記憶保持時間以内であればよい．また，更新時のデータの衝突を避けるため，このリフレッシュ制御信号 ϕ_2 と入力制御信号 ϕ_1 とは同時に 1 となっ

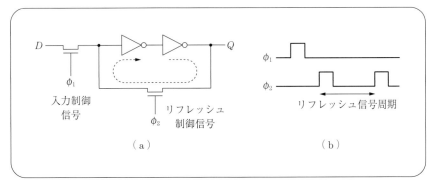

図 7.6 リフレッシュ動作

てはならない ($\phi_1 \cdot \phi_2 = 0$).

7.1.5 スタティック型記憶回路

リフレッシュ動作なしで記憶保持できる回路を**スタティック型記憶回路**と呼ぶ．図 **7.7** はその例で，図 7.6 のダイナミック型記憶回路のリフレッシュ制御信号を入力制御信号 ϕ の否定で代用した回路である．入力信号 D を取り込む期間を除き常に信号が正帰還され，記憶が保持される．

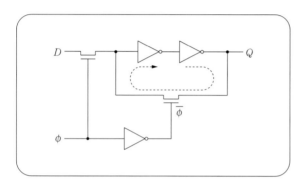

図 **7.7** スタティック型記憶回路．$\phi \cdot \overline{\phi} = 0$ であり，二つのパストランジスタの同時導通はないように見えるが，実際はインバータ遅延のため同時導通がある．

　この回路は簡便であり，LSI では多用される．しかし，「過渡的データ衝突」問題に注意が必要である．データ入力制御信号 ϕ と正帰還制御信号 $\overline{\phi}$ とは論理上は $\phi \cdot \overline{\phi} = 0$ である．しかし，図 **7.8**(a) に示すように，インバータ 1 段分の遅延のため短時間同時にオンとなる期間が生ずる．通常，この期間は十分小さく論理動作上は問題とならないことが多い．しかし，この期間には図 (b) に示すように，帰還信号と入力信号が異なれば，衝突が生じ過渡電流が流れる．記憶回路ではクロック信号に同期して多数の回路が同時動作することが多く，この過渡電流は雑音発生や誤動作に影響することもある．

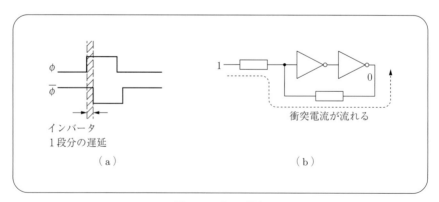

図 **7.8** データ衝突

図7.9(a)は，セレクタ回路を用いたスタティック型記憶回路であり，図7.7と論理的に等価である．図7.9(b)は，セレクタ回路をNANDゲートで構成したものである．この回路ではϕと$\overline{\phi}$に重複期間があっても，図7.8のようなデータ衝突は生じない．しかし，回路規模は図7.7より大きくなる．なお，図7.7はパスゲートによるセレクタ回路にインバータ増幅回路を接続したものとみなせる．

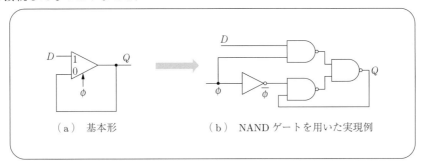

図 7.9　セレクタ回路によるスタティック型記憶回路

7.1.6 メタステーブル状態

スタティック型記憶回路では，セットアップ時間・ホールド時間の条件（式(7.1)）が満足されないとき，正帰還が機能し始める時点で出力Qが1でも0でもない「中間の電圧」状態となることがある．正帰還の効果で最終的にはこの値は1か0に落ち着く．しかし，過渡的ではあるが，中間電圧値をある時間維持することになる．これを**メタステーブル状態（準安定状態）**と呼ぶ[†1]．記憶回路がメタステーブル状態となった場合，それに接続される論理回路は設計どおりの動作は保証されない．

図7.10はより詳細なメタステーブル状態の説明図である．図(a)はインバータの入出力特性の例である．ここで，電圧V_{inv}は入出力が一致するインバータしきい値である．十分なセットアップ時間・ホールド時間の条件が満たされずにスタティック記憶回路の正帰還路が閉じたとき，出力QがたまたまV_{inv}であったとすると，図(b)のように帰還ループ上の電圧がすべてV_{inv}となり，回路がバランスする．このバランス点は不安定であり，雑音などにより時間が経過すると1か0の安定状態に復帰する．問題は復帰までの時間が予測できないことである．待ち時間をTとすると，「T以内に静定しない確率」は指数関数的に0に近付く．しかし，確率を0にはできない．このため，周期的に動作している記憶回路に非同期的外部信号が入力する場合には誤動作の原因となる[†2]．前述のソフトエラーと同様，この誤動

[†1] ダイナミック型の場合は，この中間電圧が保持時間の間続く．リフレッシュ動作を行っても数サイクルの間はこの状態が続くことがある．
[†2] 独立したクロックで動作する二つの装置間の通信がこの典型例である．

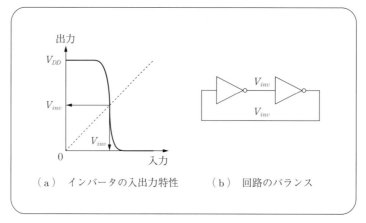

(a) インバータの入出力特性　　（b）回路のバランス

図 7.10　メタステーブル状態

作確率も原理上ゼロにはできないのである．そのため「誤動作を実用上無視できる設計」が必要となる．

7.2　フリップフロップ

7.2.1　SR フリップフロップ

スタティック型記憶回路の一種であるが，インバータのループではなく，図 7.11 のように NAND ゲートや NOR ゲートのループで正帰還路を形成し，セット信号 S とリセット信号 R を持つ記憶回路を SR フリップフロップあるいは SR ラッチと呼ぶ．NAND 型の場合，

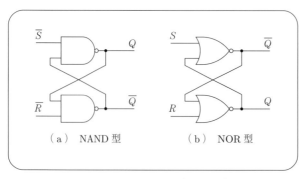

(a) NAND 型　　（b）NOR 型

図 7.11　SR フリップフロップ

表 7.1　SR フリップフロップの動作

S	R	Q	備　考
0	0	Q	前の状態を保持
1	0	1	セット
0	1	0	リセット
1	1	1/0	禁止

入力は負論理となることに注意されたい.

表 **7.1** に示すように, SR ラッチは, $S=1$ のとき状態出力 $Q=1$ となり, $R=1$ のとき $Q=0$ となる. S と R がともに 0 のときは出力状態を保持する. S と R がともに 1 の入力は禁止される.

7.2.2 レベルトリガ型フリップフロップ

図 **7.12** は,SR ラッチの入力部にゲート回路を付加したもので,入力制御信号(クロック信号)$\phi=1$ のとき記憶状態を更新する「クロック付きフリップフロップ」である.図 (a) は

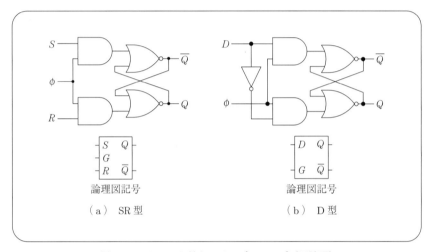

図 7.12 クロック付きフリップフロップ(正論理)

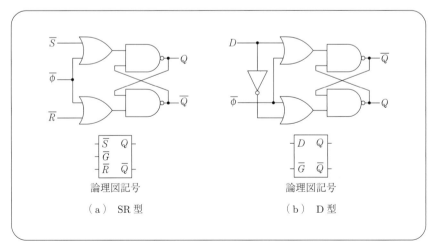

図 7.13 レベルトリガ型フリップフロップ(負論理)

SR 型（SR–FF），図 (b) は D 型（D–FF）である．D 型は図 7.7 と同じ動作をする．制御信号 $\phi = 0$ のときは入力に関係せず状態が保持される．制御信号 $\phi = 1$ のときは入力の変化に追従して出力が変化する．言い換えると $\phi : 1 \rightarrow 0$ の時点の状態が保持される．そのため，レベルトリガ型あるいはレベルセンシティブ型と呼ばれる．なお，図にはそれぞれ論理図記号を併記している．また，図 7.13 はクロック信号の極性を逆にした負論理回路である．

図 7.12 の回路は AND–NOR の 2 段が基本単位になっている．これは負の単調関数であり，図 7.14 (a) のように 2 個の複合ゲートに置き換えることができる．図 (b) はその FET 回路であり，12 個の FET からなるコンパクトなものとなっている．図 7.13 についても同様に複合ゲートで実現できる．

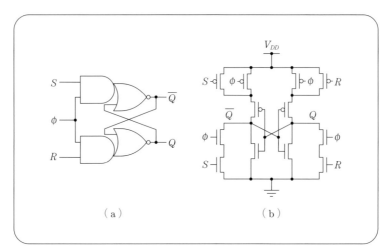

図 7.14　レベルトリガ型フリップフロップの複合ゲート化

7.2.3　エッジトリガ型フリップフロップ

図 7.7 や図 7.12，図 7.13 のレベルトリガ型フリップフロップでは，制御信号 ϕ が 1 の間に入力が変化すると，出力はそれに追従して変化する．それに対し制御信号の立上りあるいは立下りの変化点（エッジ）でデータを取り込む記憶回路をエッジトリガ型フリップフロップあるいはエッジセンシティブフリップフロップと呼ぶ．ϕ の変化点以外では出力が保持される特徴がある．

図 7.15 は，エッジトリガ型 D フリップフロップの構成図である．レベルトリガ型 D フリップフロップ（正論理と負論理）を 2 段接続し，互いの逆相の制御信号 ϕ，$\overline{\phi}$ で入力を取り込む構成となっている．初段と次段をそれぞれマスタとスレーブと呼び，マスタ・スレーブ構成と呼ぶ（スレーブはレベルトリガ型 SR フリップフロップでもよい）．動作は

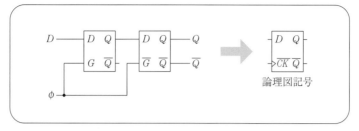

図 7.15　エッジトリガ型 D フリップフロップの構成

$$\begin{cases} \phi = 1 & \to \quad \text{初段取込み，次段保持} \\ \phi = 0 & \to \quad \text{初段保持，次段取込み} \end{cases}$$

となる．したがって，$\phi = 1 \to 0$ のエッジでデータを取り込むエッジトリガ型回路である．$\phi = 0 \to 1$ のエッジでデータを取り込むには，マスタとスレーブを入れ替えればよい．

7.3　大容量メモリ

　LSI で用いられる大容量メモリの多くは電荷を利用して記憶する．この点で前節の記憶回路と基本的に同じであるが，記憶容量を上げるために記憶要素である「メモリセル」をバスで接続した構造が基本となっている．また集積すべきメモリセル数が極めて多いため，通常は「2 次元アクセス構造」をとっている．

　図 7.16 は，2^n 個のメモリセルへの 1 次元アクセスと 2 次元アクセスとを比較したものである．図 (a) の 1 次元アクセスメモリでは，アドレスデコーダの出力数は 2^n 本である．他方，図 (b) の 2 次元アクセスメモリでは，$2^{n/2}$ セルの 1 次元アクセスメモリを $2^{n/2}$ 個束ねた構成となっている．アドレス信号の半分で行デコーダを駆動し，$2^{n/2}$ セルを同時アクセスする．次に，アドレス信号の残り半分で列セレクタを駆動し，$2^{n/2}$ セルの中の 1 個をアクセスする 2 段階アクセスとなっている．例えば $n = 16$ の場合，1 次元アクセスでは 65 536 出力のデコーダを必要するのに対し，2 次元アクセスでは 256 出力のデコーダとセレクタがそれぞれ一つずつでよい．また，1 次元アクセスでは 1 本のバスに接続されるセル数も 65 536 となり，負荷容量などの点で現実的ではない．

　なお，デコーダとは n 入力 2^n 出力の組合せ回路で，n 本の入力信号をアドレスとして，出力中の 1 本を選択駆動する回路である．図 7.17 に 8 出力の回路例を示す．この回路は $\phi = 1$

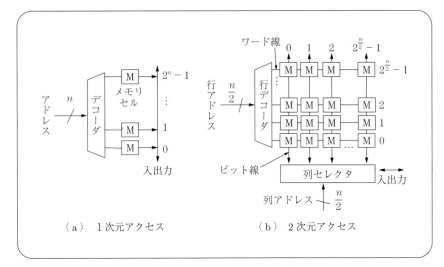

図 7.16 大容量メモリアーキテクチャ

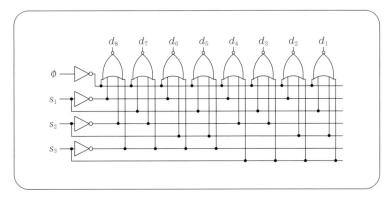

図 7.17 デコーダ（8 出力）回路例

のとき動作し，$s_3s_2s_1$ を 2 進数（10 進数の m）としたときの対応する出力 d_{m+1} を選択的に 1 とする．また，セレクタについては前章で述べているが，デコーダの各出力でパスゲートを駆動することで，特定の信号を選択する回路である．メモリ読出し動作では，セレクタの出力には，通常，メモリセルからの信号を外部ディジタル信号まで増幅するための**センスアンプ**（sense amplifier，**SA**）が接続される．メモリ書込み動作では，反対に外部からのディジタル信号をメモリセルまで伝えるためにバッファ増幅回路が置かれる．

このように大容量メモリでは 1 回のアクセスで「1 行」まとめてアクセスする．行デコーダの出力を**ワード線**（図 7.16 の水平信号線），メモリセル信号が出力されるバスを**ビット線**（図 7.16 の垂直信号線）と呼ぶ．なお，概念上は 3 次元アクセスや 4 次元アクセス法も考えられるが，LSI は本質的に 2 次元構造であるため，高次元アクセス法は配線が困難となる．

メモリセルの違いにより，メモリには**表 7.2** のようにさまざまな種類がある．メモリは

表 7.2 メモリの種類

	名 称	機 能
R O M	マスク ROM	製造時にマスクデータによりデータが書き込まれる.
	PROM	製造後に電気的にデータを書き込む.
	EPROM	紫外線などでデータの一括消去が可能な PROM
	EEPROM	電気的にデータの消去可能な PROM
R A M	SRAM	リフレッシュを必要としないメモリ.スタティックメモリ
	DRAM	リフレッシュを必要とするメモリ.ダイナミックメモリ
	FRAM	強誘電体を利用したスタティックメモリ(不揮発性)
	MRAM	強磁性体を利用したスタティックメモリ(不揮発性)
	RRAM	抵抗変化を利用したスタティックメモリ(不揮発性)

データを読み出すだけのリードオンリーメモリ(**ROM**)と随時読み書き可能なランダムアクセスメモリ(**RAM**)に大別される.製造時にデータが書き込まれるものを**マスク ROM**という.製造後にユーザがデータを書き込めるものを **PROM**(programmable ROM)と総称する. PROM には,更に紫外線照射で消去して再書込みできる **EPROM**(erasable PROM)や,電気的に消去し再書込みできる **EEPROM**(electrically erasable PROM)がある. EEPROM の中にはブロック単位で高速に一括消去可能な**フラッシュメモリ**(flash memory)が含まれる.ただし,電気的に高速消去再書込み可能な EEPROM でも RAM に比較すると消去・書込み速度は桁違いに遅い.

　RAM はスタティック型(SRAM)とダイナミック型(DRAM)など,電源を切ったとき記憶内容が失われる**揮発性メモリ**(volatile memory)と,電源を切っても内容が保持される**不揮発性メモリ**(non–volatile memory)に分類される.不揮発性メモリには強誘電体(ferro–electric)材料をメモリセルに用いた FRAM,強磁性体(ferro–magnetic)材料をメモリセルに用いた MRAM,抵抗変化を利用した RRAM などに分けられる.

7.4 ROMのメモリセル回路

7.4.1 マスク ROM

MOS 型 ROM のメモリセル回路は 1 個の FET で構成される.マスク ROM ではデータの 0 と 1 を図 **7.18** のように FET の有無で実現する.ここで,W_i はワード線であり B_j, B_k はビット線である.ビット線(B_j, B_k)は読み出す前にいったんプリチャージあるいは抵抗性負荷でプルアップされ,$W_i = 1$ のとき FET の有無に従って B_j, B_k はそれぞれ 0 と 1 に

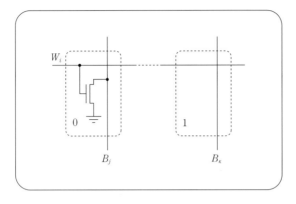

図 **7.18** マスク ROM の
メモリセル

なる．

　1と0の切替え（プログラミング）には，拡散プロセス段階で FET を作り付けるか否かを変更する「拡散プログラミング」や，いったん FET をすべて作り付けておき，コンタクトメタル配線段階でビット線と FET の接続を変更する「メタルコンタクトプログラミング」がある．集積度の点では前者が優れているが，書込みデータの変更は拡散プロセスからやり直す必要があり，製造コストが大きい欠点がある．後者では，熱工程は書込みデータと独立しており，コンタクトの有無だけでプログラミングできる．マスクの作成コストや製造コストは低いが集積度の点でやや劣る．このように，プログラミング時間やコストの点で両者はトレードオフ関係にある．

7.4.2　PROM

　マスク ROM と同様に実効的に FET の有無で0と1をプログラムするものであるが，FET はすべて作り付けておく．製造時にはすべての FET をビット線に接続しておき，不要な FET のドレーンとビット線との接続を電気的に焼き切る「ヒューズ」型と，製造時にすべての FET をビット線から絶縁しておき，必要な FET とビット線の間の絶縁を電気的に破壊する「アンチヒューズ」型がある．アンチヒューズには pn 接合，薄い絶縁膜，高抵抗ポリシリコン膜など，さまざまなものが考案されている．1回だけプログラミングが可能である．

7.4.3　EPROM

　すべてのメモリセルに FET を作り付けておく点では PROM と同様であるが，FET のしきい電圧を制御して実効的に FET のオン・オフを制御するものである．FET の構造を図 **7.19** に示す．ワード線に接続される「制御ゲート（CG）」とチャネルとの間に「フローティング

7.4 ROM のメモリセル回路　　137

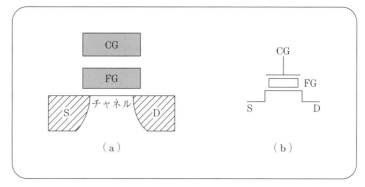

図 7.19　スタック型フローティングゲート FET

ゲート（FG）」が挟まれた構造をなしており，FG は外部とは絶縁されている．FET にはおもに n 型が用いられる．FG に電子が注入されると FET のしきい電圧が上昇し，FG 中の電子を取り去るとしきい電圧が低下する．しきい電圧が上昇した FET は，CG にワード線の電圧を加えても導通せず，等価的に FET を取り去った状態と等価となる．

　FG に電子を注入するにはドレーンとゲートに正の大きな電圧を与え，ゲート絶縁膜の電位障壁（3 eV 程度）を超えるだけの高エネルギー電子（ホットエレクトロン）を作り出す（アバランシェ電子注入）．電子を取り去るには紫外線を照射して FG 中の電子にエネルギーを与え絶縁膜の電位障壁を超えさせる．電子注入（EPROM の書込み）は電気的に FET を選択して行うが，電子を FG から取り去る（消去）にはチップ全体で一括して行う．電源を切断しても記憶内容が保持される不揮発性メモリとして利用できる．

7.4.4　EEPROM

　図 7.20 に示すように，EPROM の FG と FET チャネルとの間の絶縁膜の膜厚をドレーン近傍で一部分薄くし，電界強度を大きくするとドレーン・基板と FG の間にトンネル電流が流れる（FN トンネル現象）．これにより FG 中の電子数を制御できる．この原理を利用し

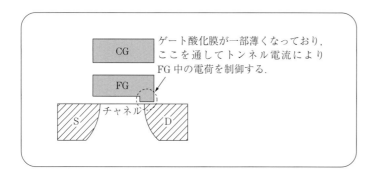

図 7.20　電気的に消去可能なフローティングゲート FET

てEPROMの消去を電気的に可能としたものをEEPROMと呼ぶ．薄い絶縁膜の信頼性の問題からEPROMより実用化が遅れたが，現在では広く利用されている．回路基板に実装後であっても電気的手法だけで記憶内容を変更できる点がEPROMとの違いである．消去・書込みを繰り返すと徐々に特性が劣化するが，高速一括消去できるフラッシュメモリでは10^5回以上の消去・書込みが可能となっている．

7.5 SRAMのメモリセル

CMOS型のSRAMメモリセルの回路及び書込み動作を図**7.21**に示す．通常，SRAMではビット線としてB_jと$\overline{B}_j$の2本を用いる．記憶データはインバータリングにスタティックに記憶され，ワード線W_iが1のときパストランジスタQ_A, Q_Bがオンし，インバータリングがビット線B_j, $\overline{B}_j$に接続される．このとき，ビット線の状態が$B_j = 1$, $\overline{B}_j = 0$（図

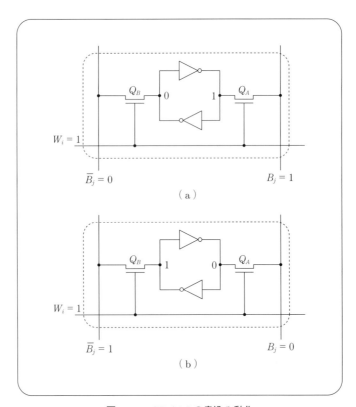

図**7.21** SRAMの書込み動作

(a) 参照) あるいは $B_j = 0$, $\overline{B}_j = 1$ (図 (b) 参照) であれば，インバータリングの状態が 10 あるいは 01 に強制的にセットされる (書込み動作).

ここで注意すべき点は，この書込み回路が「比率論理」となっていることである.

図 7.21 (a) の状態から図 (b) の状態にスイッチさせるためには，**図 7.22** に示すように Q_A, Q_B のオン抵抗 R_A, R_B とインバータのプルアップ，プルダウン FET のオン抵抗 R_U, R_D との比率に条件がある．二つのインバータの入力電圧は

$$V_A = \frac{V_{DD} R_A}{R_U + R_A}, \qquad V_B = \frac{V_{DD} R_D}{R_D + R_B}$$

であるが，状態がスイッチするには $V_B > V_{inv}$ または $V_A < V_{inv}$ が成立すればよい．ここで，V_{inv} はメモリセルを構成するインバータの論理しきい値である．nFET プルダウンに適しており，通常は $V_A < V_{inv}$ の条件を満たすように設計する．そのため，プルアップ pFET に比較してパストランジスタ Q_A, Q_B の幅を大きくしオン抵抗を低くする.

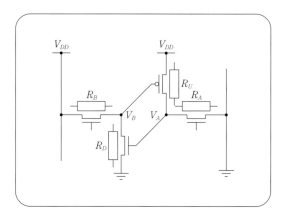

図 7.22 オン抵抗による比率動作

SRAM は 2 次元アクセス構造であり，ワード線で選択した 1 行すべてを書き換えることはまれで，その中の限られたメモリセルを選択的に書き換える必要がある．書換えを行わないメモリセルは，その記憶状態を保持するように制御する必要がある．このため，ビット線をともに $B_j = 1$, $\overline{B}_j = 1$ とプルアップあるいはプリチャージする．どちらの場合もメモリセルが完全に対称な回路であれば，記憶内容は保持されるが，素子ばらつきなどで非対称であったり，予期せぬ雑音などがあると，記憶内容が反転してしまう．メモリビット線をともにプルアップした場合でも，反転しない動作余裕を**スタティック雑音余裕** (static noise margin, **SNM**) と呼ぶ．SNM を定量的に評価するには，**図 7.23** (a) のメモリセルの半回路の特性を求める．この回路は，メモリセル内のインバータの出力がビット線へのパスゲートを介して電源に接続された「擬似 nMOS インバータ」である．擬似 nMOS であり，出力は完全なゼロにはならない．このインバータを二つ用いてループを形成した場合，2 安定特性を持つに

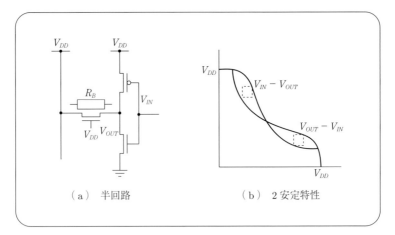

図 7.23 スタティック雑音余裕を評価するためのメモリセルの
半回路と 2 安定特性

は図 (b) のように入出力特性 (V_{IN}–V_{OUT}) を 45° の直線で反転した (V_{OUT}–V_{IN}) 特性とが 3 箇所で交差する「バタフライ」特性を持つ必要がある．2 本の曲線の間の「四角」の大きさが SNM となる．ばらつきがなくインバータしきい値（図 (b) の中央の交点）でのゲインが 0 dB 以上ある通常のインバータであれば，バタフライ特性となるが，LSI 加工寸法の微細化によりばらつきが大きくなると，SNM を確保できなくなり，SRAM の誤動作につながる．

他方，SRAM メモリセルの読出しでは，図 7.24 に示すように，まずビット線 B_j, $\overline{B}_j$ を高抵抗状態とし，同じ電圧にプリチャージ（あるいは弱い抵抗でプルアップ）してからワード線 W_i を 1 とする．パストランジスタ Q_A, Q_B を通じてビット線の一方がプルダウンされ 0 か 1 が読み出される．この場合も上述の SNM が十分確保されていれば，プリチャージ法でもプルアップ法でも読出し動作が安定に行われる．

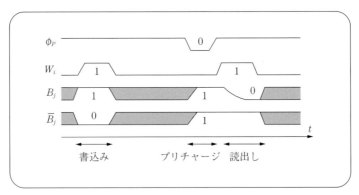

図 7.24 SRAM の書込みとプリチャージ法による読出し制御

図7.25にSRAMの回路全体の構成を示す．ここで，SAはセンスアンプであり，列デコーダで選択されたビット線B_j，$\overline{B_j}$の電位差を高速に読み出す回路である．また，3状態バッファはデータD_{in}を書き込む場合に駆動される．回路上部のpFETは，読出しのためのプリチャージ回路（あるいは弱いプルアップ回路）である．

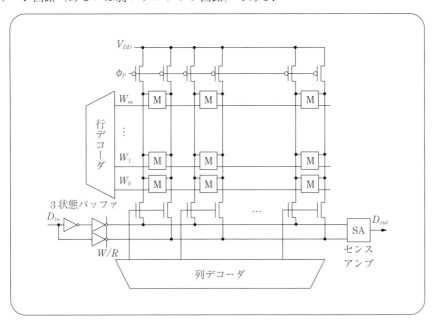

図7.25 SRAMの回路全体の構成

SRAMメモリセルには，かつて通常のCMOS型インバータのほか，高抵抗ポリシリコンを利用したnMOSインバータ，更にポリシリコン薄膜pFETを用いたCMOS型インバータなど，集積度を向上する観点でいくつか用いられていた．しかし，SNMの観点ではCMOS型のメモリセルが優れており，それでもSNMが十分でない場合には，書込みのパスと読出しのパスを分けた回路構成が用いられることがある．

7.6 DRAMのメモリセル

7.6.1 ダイナミック型メモリセルの進化

ダイナミック型のメモリセルはSRAMのインバータリングと異なり，それ自体で記憶電荷を長時間保持する機能を持たない．そのため，定期的に記憶内容をリフレッシュする必要が

ある．図 7.26 は，SRAM のメモリセルから現在の DRAM のメモリセルに至る進化の過程を示したものである．図 (b) の 4–FETDRAM セルは，図 (a) の SRAM セルのプルアップ pFET を取り除いたものに相当する．定期的に B_j, $\overline{B_j}$ をプルアップすると同時に $W_i = 1$ とすることで，「二つのパストランジスタを nMOS 型インバータの負荷」の代わりに用いてリフレッシュする．つまり，定期的に読み出すことで自動的にリフレッシュされる．次に現れた図 (c) の 3–FETDRAM セルは，ダイナミック型シフトレジスタの発展形である．D_j, W_i はそれぞれ書込みデータと書込み制御信号であり，B_j, U_i はそれぞれ読出しデータと読出し制御信号である．読出しと書込みが分かれており，制御が容易である特徴がある．そのため，論理回路と混載される中容量のメモリとして用いられる場合があるが，図 (b) や図 (c) の回路は図 (d) の 1–FET & 1–Cap.DRAM セルが考案されて DRAM の主流から消えた．

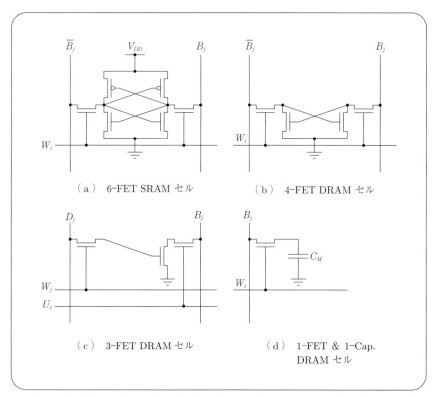

図 7.26 DRAM メモリセルの進化

7.6.2 DRAM メモリセルの動作

図 7.26 (d) の回路は 16 K ビットメモリ LSI 以降，現在まで変わらず用いられてきた DRAM メモリセルである．この回路では，記憶データがビット線 B_j からパストランジスタを通っ

て容量 C_M に蓄えられる．読出しも同じパストランジスタを通ってビット線に伝えられる．このとき，図 **7.27** に示すようにビット線には配線容量 C_B があるため，読出し信号電圧 V_B は電荷再配分効果により低下する．

$$V_B = V_M \frac{C_M}{C_B + C_M} \tag{7.2}$$

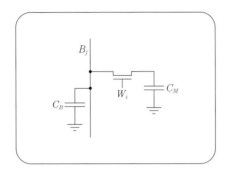

図 7.27 DRAM メモリセルの電荷再配分

ここで，V_M は容量 C_M の記憶電圧である．リーク電流による記憶電荷が減少することを考慮すると V_M はたかだか $1 \sim 2\,\mathrm{V}$ 程度である．$C_B : C_M$ 比は小さい方が好ましいが，ビット線に多数のメモリセルを接続することを考えると，良くても $10:1$ 程度となり，読出し電圧はたかだか $100 \sim 200\,\mathrm{mV}$ 程度の微小な信号となる．また，C_M の絶対値は高エネルギー線によるソフトエラー対策を考慮すれば，$10\,\mathrm{fF}$ 程度は必要である．

このような微小信号を検出増幅するため，DRAM のセンスアンプは SRAM に比べやや複雑である．図 **7.28** は DRAM の読出し・リフレッシュ回路の原理図である．図中央のクロス結合した四つの FET 回路は $\phi_S = 0$ では「ソースホロワバッファリング」として機能し，$\phi_S = 1$ では「インバータリング」の双安定回路として機能する．

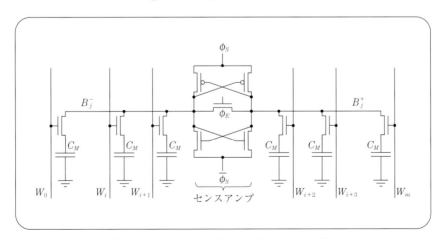

図 7.28 DRAM の読出し・リフレッシュ回路

読出しでは，まず $\phi_S = 0$，$\phi_E = 1$ として B_j^-，B_j^+ をともにほぼ $V_{DD}/2$ とする．次に，$\phi_E = 0$ として左右を切り離し，選択した W_i を 1 とする．これによりわずかな電位差が B_j^-–B_j^+ 間に生ずる．その後速やかに $\phi_S = 1$ としてセンスアンプを双安定回路とし，わずかな B_j^-–B_j^+ 間の電位差を 0，1 の論理レベルまで再生増幅する．図 **7.29** に読出し・リフレッシュ動作波形の概要を示す．

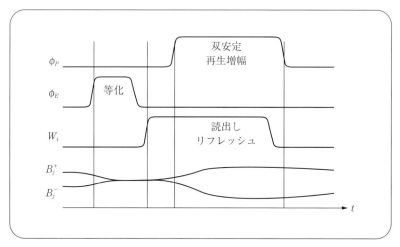

図 **7.29** DRAM の読出し・リフレッシュ動作波形

7.7 不揮発性RAM

表 7.2 に示した不揮発性を有する RAM である FRAM と MRAM は，図 **7.30** に示すよ

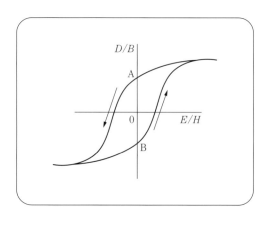

図 **7.30** 強誘電体・強磁性体のヒステリシス特性

うな電界 E や磁界 H に対する「ヒステリシス特性」を利用したメモリである．強誘電体の場合，過去の履歴により電界がゼロの状態では電束 D が図の点 A あるいは点 B にある．そこで，電界を変化させると矢印に沿って状態が変化するが，このときの電束 D の変化量は電荷の変化つまり電流となって現れる．この電流の差を検知することで容易に点 A か点 B かを識別できる．例えば，強誘電体を用いて DRAM メモリセルの容量 C_M と同様の容量を作成し，センスアンプで容量差を検出できる．強誘電体のヒステリシス特性は電源電圧がなくても保持されることから不揮発性のメモリとなる．

MRAM の場合は強磁性体のヒステリシス特性を利用する．書込みや読出しには磁界 H を変化させる必要がある．これには電流の作る通常の磁場を用いてもよいが，大きな電流を必要とする問題がある†．また，微細化に対する一般論として，CR 時定数は小さくなり LR 時定数は大きくなる．そのため，微細化に対して磁気を用いた回路特性は動作速度に関し不利な面がある．しかし，記憶機能については MRAM は FRAM と同様，磁気的に中性な「双極子」の状態としてデータ記憶するため，単極子ともいえる電荷による EEPROM の記憶より，長期安定性には優れているといえる．

一方，材料の持つ抵抗率の変化を利用したメモリが RRAM である．微細化の進展で限られた電力でも，微小素子の温度をすばやく制御することが可能となった．材料にもよるが，温度履歴によって結晶状態が変化することを利用し，電気伝導率を制御できるようになる．また，微細な結晶の形状を制御して電流パスそのものを制御できるようにもなった．このような微小素子は，マクロには「抵抗変化素子」とみなすことができ，その抵抗値を検出することで，データの記憶を行うメモリを **RRAM** と呼ぶ．

7.8 CAM

メモリの中に論理回路を組み込んで並列処理を実現する回路を**ロジックインメモリ**と総称する．その典型例が**連想メモリ**（content addressable memory，**CAM**）である．CAM は図 **7.31** に示すように，通常のメモリが「アドレスに対応するデータを出力する」のに対し，「データの記憶されているアドレスを出力する」逆関数を実現する．更に，CAM と RAM・ROM を組み合わせ，相互に対応するアドレスの CAM にデータ A を，RAM・ROM には

---

† そこで，永久磁石の作る磁界と同様の原理である「電子のスピン」を利用した書込み手法が研究されている．読出しには，特殊な半導体接合の持つ磁気抵抗効果が用いられる．

146　**7. 記　憶　回　路**

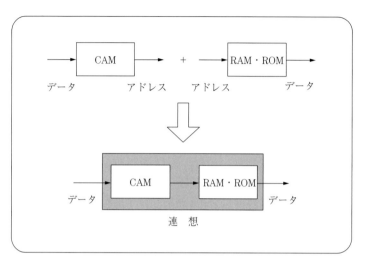

図 7.31　CAM と RAM・ROM

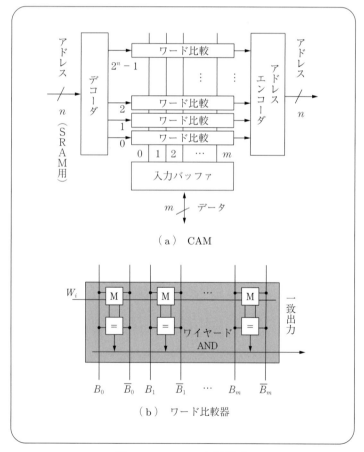

図 7.32　CAM の回路構成

データ B を記憶することで，データ A からデータ B を「連想」する回路が実現できる．

図 **7.32** に示すように，CAM の記憶単位はビットではなくワード（複数ビット）である．CAM では，記憶されたデータワードと外部から入力されたデータワードとを比較し一致するデータを探す．図 (a) の左側の SRAM 用アドレスデコーダと下側のデータ入力バッファの組合せで，SRAM と同様な手順でデータをあらかじめ各ワードメモリ（図 (b) の M）に記憶する．各ワードには図 (b) に示すように，ビット単位に「一致回路」が設けてあり，外部から与えられたビット線のデータ B_j, $\overline{B}_j$ とメモリセル M に記憶されているデータとの一致をとる．そして，ワード内の各ビットの一致結果の論理積（AND）を計算してワード単位の一致を検出する．

ビットごとの一致をとり「ワイヤード AND」をとる CAM のメモリセル回路を図 **7.33** に示す．ここで，一致回路は nMOS 型の XNOR 回路であり，2 FET で構成される．一致出力線はプリチャージしておく．SRAM セルの記憶データとビット線対のデータとが一致すると，一致出力線はプリチャージされたままであるが，不一致の場合にはどちらか一方の FET を通じてディスチャージされる（図 6.25 (a) の B と $\overline{B}$ を入れ替えた回路となっている）．

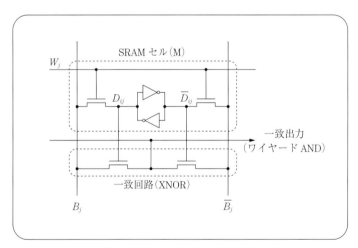

図 **7.33** CAM のメモリセル回路

7.9 PLA

ROM や RAM はデータを随時記憶する用途のほか，「論理関数の真理値」を記憶すること

で任意の組合せ回路を実現できる．つまり，アドレスに対応するメモリセルにその入力に対する出力値をプログラムすればよい．これは簡便な組合せ回路の実現法であるが，多くの場合むだが多い．例えば，簡単な 4 入力 2 出力の論理関数

$$\left.\begin{array}{l} y_1 = x_1 x_2 + \overline{x_3}\overline{x_4} \\ y_2 = x_1 x_2 + \overline{x_1} x_3 x_4 \end{array}\right\} \tag{7.3}$$

を実現する場合にも（16 ワード）×（2 ビット）分のメモリを必要とする．このような場合には ROM の変形である **PLA**（programmable logic array）を用いることができる．

図 **7.34** はその回路例である．PLA は「AND 平面」と「OR 平面」より構成され，組合せ論理回路を AND–OR の 2 段構成で実現する．AND 平面は論理関数に用いられる積項を生成するもので，図では $x_1 x_2$, $\overline{x_3}\overline{x_4}$, $\overline{x_1} x_3 x_4$ の三つの積項を生成している．OR 平面は出力に必要な積項の論理和を生成する．つまり，y_1 では $x_1 x_2$ と $\overline{x_3}\overline{x_4}$ の論理和をとっており，y_2 では $x_1 x_2$ と $\overline{x_1} x_3 x_4$ の論理和をとっている．

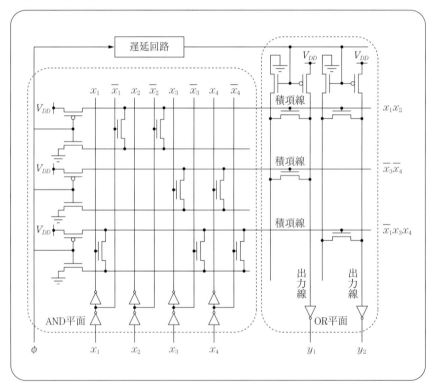

図 **7.34** CMOS 型 PLA の回路例

PLA の大きさは入力数，出力数，積項数をそれぞれ N, M, L とするときほぼ $(2N+M)L$ で与えられる．これらのパラメータが同一であれば，任意の論理を同じ PLA フレームで実現できる．プログラムの方法は次ページのとおりである．

【AND 平面】論理関数を積和形で表現し，各積項につき PLA の積項線を 1 本使用し
- x_i が積項に含まれれば $\overline{x_i}$ と積項線との交点に FET を置く．
- $\overline{x_i}$ が積項に含まれれば x_i と積項線との交点に FET を置く．

【OR 平面】論理関数の出力ごとに出力線を 1 本使用し
- 関数に含まれる積項線と出力線の交点に FET を置く．

図 7.34 の回路は $\phi = 0$ で積項線，出力線がともにプリチャージされる．AND 平面の各入力 x_i がすべて確定した後 $\phi = 1$ とすると，真となる論理積に対応する積項線以外は 0 にディスチャージされる．これはダイナミック型 NOR ゲート回路（図 6.31 参照）の動作であるが，AND 平面入力が負論理をとっているため AND 動作となる．各積項線の出力が安定するまで「遅延回路」で ϕ 信号は遅延され，OR 平面の動作が始まる．OR 平面もダイナミック型 NOR の出力にインバータを付加したもので OR 動作となる．

N 入力論理関数では最大 2^N の積項があり得る．この場合，各積項にはすべての入力あるいはその否定が含まれる．これを**最小項**と呼ぶ．もし，AND 平面をすべての最小項を生成するよう設計すると，積項数は 2^N となるが，これは，AND 平面でデコーダ回路を構成したことと等価である．つまり，PLA は図 7.16 (a) の 1 次元アクセス構造を持つ ROM に帰着する．このように PLA は 1 次元アクセス構造 ROM の変形であり，積項数が多く入力数が多い回路では動作速度が遅くなり，面積も増大し不向きである．

本章のまとめ

❶ **ダイナミック型記憶回路** データを電荷の形で一時的に記憶する．一定の時間後，記憶は消える．

❷ **セットアップ時間，ホールド時間** データを電荷として記憶するための制御信号（クロック信号）に対し，その前後の一定時間，データ信号が安定している必要がある．

❸ **リフレッシュ動作** ダイナミック型記憶回路では一定時間後に記憶が消えるため，消える前に定期的に内容を読み出して再度記憶する必要がある．

❹ **スタティック型記憶回路** データを電荷として取り込むとき以外，常時記憶を読出し再記録するための帰還ループを形成することで，見掛け上リフレッシュ動作を必要としない記憶回路が実現できる．

❺ **メタステーブル状態** セットアップ時間・ホールド時間制約を満足しない場合，ある期間，記憶回路の出力は 0 でも 1 でもない中間状態となる．スタティック型記憶回路では最終的に 0 か 1 に落ち着くが，これに要する時間は定まらない．

❻ **フリップフロップ** 入力に従い記憶内容を変化させる記憶回路である．

❼ **レベルトリガ型フリップフロップ** 制御信号付きフリップフロップであり，制御信号が記憶取込み状態のとき，出力は入力に追従する．

❽ **エッジトリガ型フリップフロップ** 制御信号付きフリップフロップであり，制御信号が変化するとき入力を記憶し出力する．

❾ **不揮発性メモリ** 電源を切っても記憶内容を保持するメモリである．記憶をつかさどるメモリセルの違いから ROM, PROM, EPROM, EEPROM, FRAM, MRAM などがある．

❿ **揮発性メモリ** 電源を切ると記憶内容が消えるメモリである．記憶をつかさどるメモリセルの違いから SRAM や DRAM がある．DRAM ではリフレッシュ動作が必要である．

⓫ **CAM** 通常とは逆にデータからアドレスを出力するメモリである．連想機能の実現に用いる．

⓬ **PLA** ROM の一種であるが，入力の論理積の和としての小規模の組合せ論理を実現する場合に用いられる．

────●理解度の確認●────

問 7.1 SR ラッチ入力がともに 1 となったときにはどうなるかを考えよ．また，その後，時間差をもって S と R が 0 に戻ったとき状態出力 Q はどのようになるか．

問 7.2 $\phi = 0 \rightarrow 1$ の立上りエッジで動作する SR フリップフロップを構成し，複合ゲート回路図として示せ．

問 7.3 マスク ROM で拡散プログラミングがメタルコンタクトプログラミングよりメモリセル面積が小さくて済む理由を，具体的にメモリセル構造を考えて説明してみよ．

問 7.4 DRAM の書込み動作には，図 7.28 について，どのような回路を追加すればよいか．

8 情報処理用LSIの基本要素

　情報処理はLSIの利用法の中で重要な位置を占める．情報処理システムはデータの収集，変換，通信，処理などの多くの要素から構成されるが，それらの中で広く用いられる共通の基本要素がある．
　本章では，これら共通の基本要素の中の主要なものについて述べる．

8.1 データパスとコントローラ

　記憶要素を含む一般のLSIは一つの大きな順序回路†である．しかし，情報処理で多用されるLSIアーキテクチャは「データパス」とそれを制御する「コントローラ」とからなるモデルで理解できるものが多い．図8.1のように，データパスは必要な演算器（ALUなど）と記憶回路（レジスタファイル），外部とのデータの授受を行うIOポートなどがデータ通信路（パスなど）で接続されたもので，外部からの指示に従って計算を実行する演算要素である．一方，コントローラはデータパスでの処理の実行順序を制御する順序回路である．

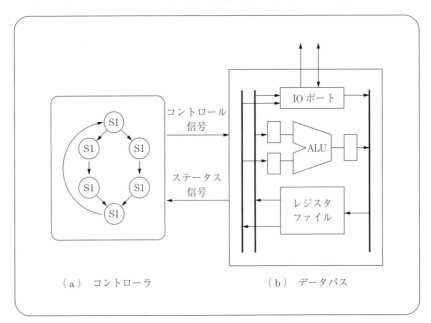

図8.1　データパス・コントローラアーキテクチャ

　コントローラはデータパスの演算の状態を「ステータス信号」で判断し，適切な「コントロール信号」の系列を発生する．音楽演奏に例えていえばコントローラは演奏者であり，データパスは楽器である．データパス中により多くのリソース（演算器，レジスタ，バスなど）が割り当てられていれば，より高度な並列処理が可能となり，コントローラが指示する1ステップ当りの演算処理量も多くなるが，処理を完了するまでのステップ総数（全演算時間）は小

---
† 現在の入力だけでなく過去の入力の履歴に依存して出力が決定する回路を**順序回路**と呼ぶ．

さくなる．つまり，データパスのリソース量とコントローラの制御ステップ数との間にはトレードオフ関係がある．

8.1.1　データパスへのリソースの割当て

LSI アーキテクチャ設計の目的は，「利用できるチップ面積上に搭載できるデータパスリソースを最適に決定し，処理に必要な制御ステップ数を最小化すること」である．加算器を例にとっても，ハードウェア量と演算時間にはさまざまな方式があり，所定の機能を実現する演算器の種類や性能，その構成法には多くの選択肢がある．この最適選択は LSI 設計者が最も創造性を発揮できる場面である．

8.1.2　コントロールステップの決定

データパスの構成（リソースの割当て）が定まると，次にコントローラの制御ステップを定める．これは大規模な LSI では煩雑な作業ではあるが，データパスの構成よりは機械的に実行できる作業である．コントローラの最適制御ステップの決定問題は，コンピュータプログラミングでの「最適コンパイル」作業と類似している．自動プログラムに依存することも多いが，ソフトウェアのプログラミングほど規模が大きなコンパイル作業ではないので，経験的手法でも最適に近い解を見いだすことができる．

コントローラの動作は，状態遷移図あるいは状態遷移表として表現される．これを基に**有限状態機械**（finite state machine，**FSM**）として実現する．

8.2　有限状態機械としてのコントローラ

コントローラは有限状態機械としてモデル化できる．FSM を実現する回路構成を図 **8.2** に示す．この回路は，組合せ論理回路と状態記憶回路から構成される．状態記憶のビット数 m は状態総数を M としたとき $2^m \geq M$ である必要がある．コントローラの設計は，図 8.2 の組合せ論理の設計に帰着する．設計手順は以下のとおりである．

① 制御手順を記述する「シンボリック状態遷移表」を作成する．
② シンボリック状態と入出力に 2 進数コードを割り当てる（「コード状態遷移表」）．

154   8. 情報処理用 LSI の基本要素

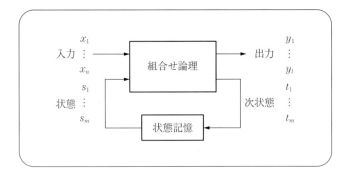

図 8.2　FSM を実現する回路構成

③　コード状態遷移表を真理値表とする「組合せ論理回路」を設計する．

ステップ①として，図 8.3 の状態遷移図の例を考えよう．A から J はシンボリック状態を表し，X_i/Y_i はシンボリック入力/出力を表す．例えば，状態 A にあったとき入力が X_1 なら出力は Y_1 となり，次の状態 B に遷移する．入力が X_5 なら出力は Y_5 となり，次の状態 E に遷移する．入力が X_9 なら出力は Y_9 となり，次の状態 G に遷移する．また，入力が X_0 なら出力が Y_0 となり状態 A にとどまる．なお，図で入力の "-" は「ドントケア」を表し，入力値に無関係に出力や状態の遷移が生ずることを表している．

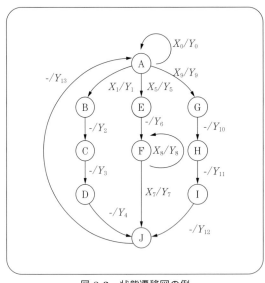

図 8.3　状態遷移図の例

表 8.1 は図 8.3 のグラフを表形式で表したものであり，等価な表現である．

ステップ②では，表 8.1 の各状態に 2 進の状態コードを割り当て，入力，出力にも 2 進の入出力コードを割り当てる．入出力仕様で入力・出力コードがあらかじめ決められていることもあるが，状態コードには任意性がある．割当て方により設計される組合せ論理回路の複雑度に影響がある．割当ての原則は「状態遷移図で近い状態にはハミング距離の近いコードを割り当てる」ことである．これを自動で行うプログラムもあるが，動作上は状態が区別できるコードであれば任意のコードでよい．表 8.2 は表 8.1 の状態と入出力に 2 進コードを割り当てた例である．

表 8.2 は，7 入力 10 出力の組合せ論理回路の真理値表となっている．入力部の "-" は「ドントケア」である．例えば，入力が 00001-- に対する出力は 0000001000 である．この回路

表 8.1 シンボリック状態遷移表

状態	入力	次状態	出力	備考
A	X_0	A	Y_0	状態ホールド
A	X_1	B	Y_1	—
A	X_2	E	Y_5	—
A	X_3	G	Y_9	—
B	—	C	Y_2	無条件遷移
C	—	D	Y_3	無条件遷移
D	—	J	Y_4	無条件遷移
E	—	F	Y_6	無条件遷移
F	X_8	F	Y_8	状態ホールド
F	X_7	J	Y_7	—
G	—	J	Y_{10}	無条件遷移
H	—	I	Y_{11}	無条件遷移
I	—	J	Y_{12}	無条件遷移
J	—	A	Y_{13}	無条件遷移

表 8.2 コード状態遷移表

状態	入力	次状態	出力	備考
0000	1 - -	0000	001000	状態ホールド
0000	00 -	0001	000001	—
0000	010	0100	000010	—
0000	011	1000	000100	—
0001	- - -	0010	010001	無条件遷移
0010	- - -	0011	100000	無条件遷移
0011	- - -	1111	110001	無条件遷移
0100	- - -	0101	010010	無条件遷移
0101	1 - -	0101	010010	状態ホールド
0101	0 - -	0110	100010	—
1000	- - -	1111	010100	無条件遷移
1001	- - -	1010	100100	無条件遷移
1010	- - -	1111	110100	無条件遷移
1111	- - -	0000	001000	無条件遷移

は論理ゲート回路を組み合わせて実現できる．また，ROM や PLA を用いて直接実現することもできる[†]．

8.3 並列加算器

データパスは，演算器やレジスタなどをデータ通信路で接続したものである．データは 8〜64 ビットの「ワード（語）」を単位として表現されることが多く，データパスも 8〜64 ビット幅を持つ並列演算器やレジスタが用いられる場合が多い．本節では，並列加算器の各種実現法を述べる．

8.3.1 リプルキャリー加算器

並列加算器は二つの 2 進数（ワード）の加算を行う．図 8.4 は，2 進数，$A = 0011$ と $B = 1001$ の加算を示したものである．下位より A と B の桁ごとの加算を行い，必要に応じて桁上り C を生成する．この桁ごとの演算はフルアダー（FA）を図 8.5 のように縦続接続すればよい．これをリプルキャリー加算器（ripple carry adder，**RCA**）と呼ぶ．リプルとは「さざ波」のことで桁上り信号（キャリー）が下位桁から順に上位桁に伝搬する様子から

[†] ROM で実現するには真理値表をそのままプログラムする．PLA で実現するには最小の実現方法（最小積項数による実現）が知られている．一般の論理ゲートの組合せ（多段論理回路）として実現する最適手法は知られていないが，近似的（経験的）手法は知られている．

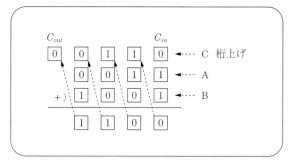

図 8.4 2進数の加算の原理

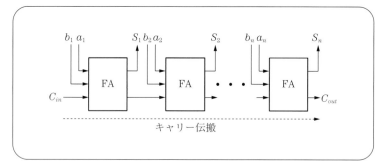

図 8.5 リプルキャリー加算器（RCA）

命名されている．図 8.5 の最下位桁の桁上げ信号（C_{in}）は通常ゼロとする．また，最上位桁からの桁上げ信号（C_{out}）はオーバフローなどの計算結果の状態を表す．

RCA は最も簡単な並列加算器であるが，最下位キャリー信号入力（C_{in}）から最上位キャリー信号出力（C_{out}）まで，データ語長 n に比例した信号伝搬経路がある．この経路が「クリティカルパス（回路中の最も時間の要する信号伝搬経路）」であり，RCA の演算時間は n に比例する．また，明らかにハードウェア量も n に比例する．したがって「ハードウェア量と遅延時間積（$H\tau$ 積）」は n^2 に比例する．n が大きい場合，RCA は不利となるが†，回路構成が簡便であり，n が 8 程度までは利用しやすい．

8.3.2 キャリー先見加算器

RCA ではキャリー伝搬時間が加算時間を決定し，データ語長 n に比例して悪化する欠点がある．32 ビットや 64 ビットの加算器には，キャリー伝搬を最優先で計算する**キャリー先見加算器**（carry look–ahead adder，**CLA**，図 8.6）が $H\tau$ 積の点で有利である．

---

† $H\tau$ 積は演算器の LSI 上の良さの指標であり，単位面積当りの演算時間に相当する．

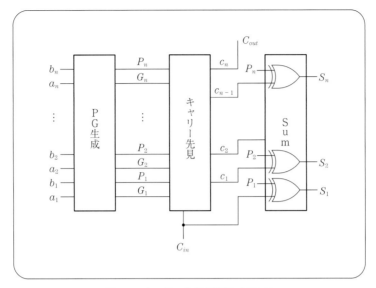

図 8.6 キャリー先見加算器（CLA）

ここで，「PG 生成回路」は桁ごとに独立してキャリー発生の条件（$G_i \equiv a_i \cdot b_i$）とキャリー伝搬の条件（$P_i \equiv a_i \oplus b_i$）信号を生成する．このキャリー発生条件と伝搬条件を用いて i 桁目のキャリー出力 c_i は，次の漸化式で与えられる．

$$c_i = G_i + P_i \cdot c_{i-1} \tag{8.1}$$

この漸化式より

$$c_i = G_i + P_i \cdot (G_{i-1} + P_{i-1} \cdot c_{i-2})$$
$$\vdots$$
$$= G_i + P_i \cdot G_{i-1} + P_i \cdot P_{i-1} \cdot G_{i-2} + \cdots + P_i \cdot P_{i-1} \cdot \cdots \cdot P_2 \cdot P_1 \cdot C_{in} \tag{8.2}$$

を得る．「キャリー先見回路」には，式 (8.2) で与えられる各桁からのキャリー出力 c_i を高速に生成する回路を用いる．キャリーの高速生成回路の一つに「バイナリーキャリー先見回路（BLC）」があり，各桁のキャリー伝搬信号 P_i とキャリー生成 G_j を一般化して，$P_{i,j}$，$G_{i,j}$ を桁 i から桁 j の「区間 $(i > j)$ でキャリーが伝搬及び生成する条件」と定義する．2 桁の区間では

$$\begin{cases} P_{i,i-1} = P_i \cdot P_{i-1} \\ G_{i,i-1} = G_i + P_i \cdot G_{i-1} \end{cases} \tag{8.3}$$

である．これを一般の区間に拡張するため，2 項演算子 "∘" を次のように定義する．

$$(P_{i,i-1}, G_{i,i-1}) = (P_i \cdot P_{i-1}, G_i + P_i \cdot G_{i-1})$$
$$= (P_i, G_i) \circ (P_{i-1}, G_{i-1}) \tag{8.4}$$

この 2 項演算子は次のように「結合則」を満たす．

$$(P_{i,i-2}, G_{i,i-2}) = (P_{i,i-1}, G_{i,i-1}) \circ (P_{i-2}, G_{i-2})$$
$$= \{(P_i, G_i) \circ (P_{i-1}, G_{i-1})\} \circ (P_{i-2}, G_{i-2})$$
$$= (P_i, G_i) \circ \{(P_{i-1}, G_{i-1}) \circ (P_{i-2}, G_{i-2})\} \tag{8.5}$$

2 項演算の結合則により，区間のキャリー伝搬及びキャリー生成条件は，任意の順序で計算できる．そのため，例えば図 8.7 のような回路でキャリーが生成できる[†]．最終的に各桁からのキャリー出力 c_i は次式となる（図中の "$*$" 演算）．

$$c_i = G_{i,1} + P_{i,1} \cdot C_{in} \tag{8.6}$$

図の BLC の論理段数はデータ語長 n に対し $O(\log n)$ のオーダであり，木構造の特徴からハードウェア量は $O(n)$ のオーダである．したがって，この CLA の $H\tau$ 積は $O(n \log n)$ のオーダとなる．

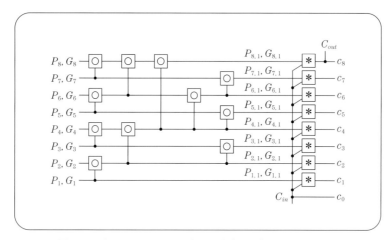

図 8.7 バイナリーキャリー先見回路（BLC），$n = 8$ の場合

8.3.3 キャリーセレクト加算器

並列加算器をいくつかのブロックに分け，各ブロックを二つの加算器で並列に計算する．一方のブロックへのキャリー入力は 0 であると仮定し，もう一方は 1 であると仮定する．これにより，キャリーが下位桁から伝搬してくる前にあらかじめ加算を実行でき，実際のキャリー入力が確定した時点でセレクタを用いて正しい方の計算結果を選択する．RCA をブロックの加算に用いた 26 ビットキャリーセレクト加算器の例を図 8.8 に示す．上位ブロックに

[†] 図 8.7 は「2 進木–逆 2 進木構造」となっている．前半（左側の 2 項演算は 2 進木構造で，1, 2, 4, 8 桁の計算を行い，それに続く後半では逆 2 進木構造で，3, 5, 6, 7 桁の計算を行っている．最後に式 (8.6) を計算し，キャリーを出力する．

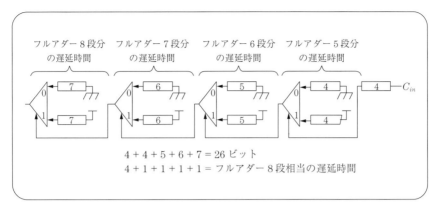

図 8.8　26 ビットキャリーセレクト加算器の例

なるにつれ下位からのキャリー入力が到達する時間が遅くなるため，より多ビットの RCA を用いている．ハードウェア量はリプルキャリー加算器のほぼ 2 倍となり，遅延時間はほぼ 8 ビット RCA の時間で 26 ビット加算を実現している．

8.4 並列乗算器

並列乗算は並列加算と並ぶ基本演算要素である．図 8.9 は乗数 $A = \sum_{i=1}^{n} 2^{i-1} a_i = 10011$ と被乗数 $B = \sum_{i=1}^{n} 2^{i-1} b_i = 01001$ を掛け合わせる手順を示したものである．ここで P_i は部分積と呼ばれる．

$$P_i = 2^{i-1} a_i \times B = 2^{i-1} \sum_{j=1}^{n} 2^{j-1} b_j \cdot a_i \tag{8.7}$$

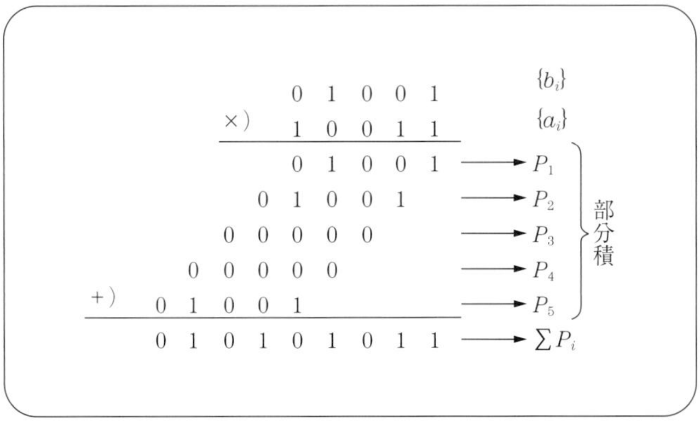

図 8.9　乗算の原理

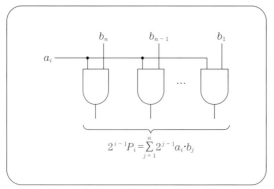

図 8.10 部分積の生成

部分積は図 8.10 の回路とシフト演算で生成できる．式 (8.7) の 2^{i-1} 倍はシフト演算と等価であり，配線の付替えで済む．部分積を用いると，乗算は式 (8.8) のように「部分積の算術和」となる．

$$A \times B = \sum_{i=1}^{n} P_i \tag{8.8}$$

8.4.1 キャリーセーブ型加算器

並列乗算器では，一般に n 個の部分積をキャリーセーブ型加算器（carry save adder, CSA）を用いて「二つの 2 進数の和」まで圧縮する．次に，二つの 2 進数を RCA か CLA を用いて一つの数として加算する．CSA は不完全な加算器であり，三つの数の加算を行った結果を二つの数として出力するものである．つまり，A, B, C を加算し $A + B + C = S + T$ の関係にある S, T を出力する．CSA は，図 8.11 に示すようにフルアダー（FA, 図 6.26 参照）をデータ語長 n 個並べたものであり，固定時間で演算を終了する．なお，キャリーセーブとはキャリーを伝搬させずに次回の加算まで保留することを意味する．

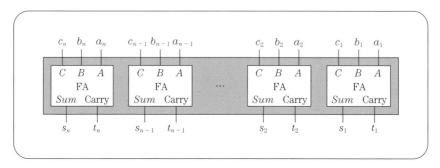

図 8.11 キャリーセーブ型加算器

$$\left.\begin{array}{l} A = \displaystyle\sum_{i=1}^{n} 2^{i-1} a_i, \quad B = \displaystyle\sum_{i=1}^{n} 2^{i-1} b_i, \quad C = \displaystyle\sum_{i=1}^{n} 2^{i-1} c_i \\ S = \displaystyle\sum_{i=1}^{n} 2^{i-1} s_i, \quad T = \displaystyle\sum_{i=1}^{n} 2^{i} t_i \end{array}\right\} \tag{8.9}$$

図 8.11 の入出力は式 (8.9) で定義される．T が 1 桁シフトしていることに注意されたい．これは T がフルアダーのキャリー出力のためである．

8.4.2 アレー型並列乗算器

アレー型乗算器は，図 8.12 のように CSA のアレーを用いて部分積を順次加算するものであり，最後に RCA を用いて 2 個の数を 1 個の数にする．部分積の有効桁数は n であるが，1 桁ずつシフトし加算するので加算結果は $2n$ 桁となる．遅延時間とハードウェア量はそれぞれ n と n^2 に比例し，ハードウェア量・遅延時間積は $O(n^3)$ のオーダとなる．大きなデータ長 n では不利となる．

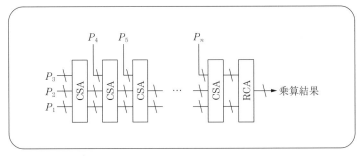

図 8.12 アレー型乗算器

8.4.3 ツリー型並列乗算器

部分積の加算順序は任意であり，ツリー状に変更してもよい．ワレスツリー型乗算器は CSA を図 8.13 のようにツリー状に接続した高速並列乗算器である．CSA は 3 入力 2 出力の加算器であるのでワレスツリーは「1.5 進木」となるが，ツリーの段数はほぼ $\log_{3/2} n$ となり，演算時間は $\log n$ に比例する．最終段の加算器は通常 CLA である．ハードウェア量はアレー型と同等であり，ハードウェア量・遅延時間積は $O(n^2 \log n)$ のオーダとなる．大きなデータ長 n ではアレー型より有利であるが，ツリー配線の複雑度はより大きい．

8.4.4 ブースの部分積生成法

並列乗算器では部分積の数を半減させるブースの方法が重要である．この方法では乗数データ語を下位桁から 2 ビットずつ見ていき，2 桁に対し一つの部分積を生成する．例えば，110011 に 011110 を乗ずるとき，乗数を下位桁から 2 ビット単位で区切り，更に 1 桁下位の

162   8. 情報処理用 LSI の基本要素

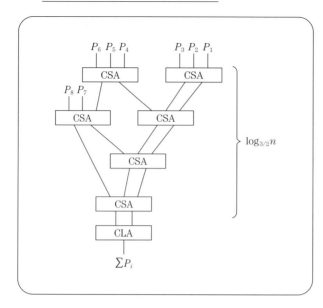

図 8.13 ワレスツリー型乗算器

ビットを参照して，011110 を 100，111，011 の三つの数に分解する．最下位の 2 ビットについては 0 を補充する．こうして得られた 3 ビット単位の数を用いて，**表 8.3** の規則に従って，被乗数の 2 倍，1 倍，0，-1 倍，-2 倍を選択して，2 桁分の部分積とする．

表 8.3 ブースの部分積生成法

今 回	前 回	部分積	考え方			
			$A+B-C$	A：繰入分	B：今回分	C：繰延分
00	0	0	0	0	0	0
00	1	+1 倍	1	1	0	0
01	0	+1 倍	1	0	1	0
01	1	+2 倍	2	1	1	0
10	0	-2 倍	-2	0	2	4
10	1	-1 倍	-1	1	2	4
11	0	-1 倍	-1	0	3	4
11	1	0	0	1	3	4

この規則は，「現在注目している 2 ビットの上位ビットが 1 のときは必ず次回に部分積（被乗数の 1 倍）を加算する」ことを前提に作られている．次回は 2 ビット分シフトしているので，「現在の被乗数の 4 倍の加算」を繰延べしていることと等価である．つまり，3 桁ずつに分けた中の下位ビットが 1 であれば，被乗数の 1 倍を必ず繰り入れる必要がある．けっきょく，部分積として生成すべき数は「繰入分」＋「今回分」－「繰延分」である．表はその規則を数値化したものである．このようにして部分積数が半減する．表中の ±1 倍，±2 倍は補数とシフト（配線）で実現する．

8.5 シフト演算

シフト演算はデータ語を左右に移動する演算である．シフト演算のとき空席となるビット位置（シフトインビット）に充填するデータの違いにより，3種類のシフト演算に分けられる．図 8.14 は m ビットの左・右シフト演算の様子を示したものである．一番上の論理シフトではシフトインビットに 0 を入れる．2 番目の算術シフトは 2^m 倍（左 m ビットシフト）あるいは 2^{-m} 倍（右 m ビットシフト）するもので，シフトインビットにはそれぞれ 0 と a_n（補数の場合の符号ビット）を入れる．最後の巡回シフトではシフトアウトしたものをシフトインする．m ビット巡回左シフトは $n-m$ ビット巡回右シフトに等しくなる．ここで n はデータ語長である．

論理シフト，算術シフト，巡回シフトのいずれのシフト演算も可能にする汎用シフタの構

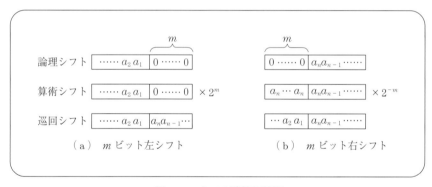

図 8.14　シフト演算の種類

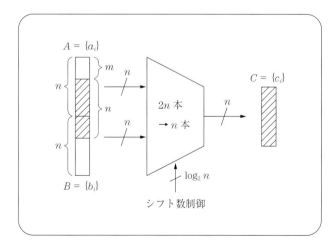

図 8.15　汎用シフタの構成

成例を図 8.15 に示す．これは加算器や乗算器と同様に 2 入力 1 出力の演算器であり，図のように「AB の 2 語を連結した倍長語」の中のシフト数 m のビットから始まる n ビット語を C に取り出すものである．表 8.4 に，図 8.15 を用いて各種のシフト演算を実行する場合のオペランドの入力指定とシフト数を示す．

表 8.4 汎用シフタの制御表

操 作	シフト数	オペランド A	オペランド B	シフト数制御
論理シフト	左 m ビット	データ語	0	m
	右 m ビット	0	データ語	$n-m$
算術シフト	左 m ビット	データ語	0	m
	右 m ビット	符号ビット	データ語	$n-m$
巡回シフト	左 m ビット	データ語	データ語	m
	右 m ビット	データ語	データ語	$n-m$

8.5.1　2入力セレクタによるバレルシフタ

バレルシフタは，シフト演算を 1 サイクルで実行するものである．図 8.16 は 2 入力セレクタを多段接続したシフタである．左側から初段は $(n/2)$ ビットシフト，2 段目は $(n/4)$

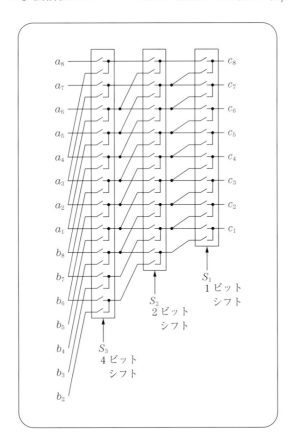

図 8.16　2 入力セレクタによる
　　　　バレルシフタ $(n = 8)$

ビットシフト，そして最終段は 1 ビットシフトをそれぞれ担当する．したがって，シフト数 m を 2 進数 $S_k S_{k-1} \cdots S_2 S_1$ で表現し，各 S_i を各 i 段のシフト制御信号として用いることで m ビットシフト演算が実現できる．ここで $k = \log_2 n$ はシフタの制御入力線数である．なお，図のように入力数に比べ出力数が少ないシフタは，「じょうご」の形に似ているのでファネルシフタと呼ぶことがある．$H\tau$ は $O(n \log n)$ となる．

8.5.2　クロスバ型バレルシフタ

データ語長が n のとき n 入力セレクタを用いれば 1 段でシフトが実現できる．これをクロスバ型バレルシフタと呼ぶ．図 8.17 は，パスゲートで構成した n 入力セレクタを積み重ねて汎用シフタを構成した例である．シフト数 m をデコードし，シフト数に対応した入力 t_i だけを 1 とし，他を 0 とすることで i ビットのシフトを実現できる．FET スイッチの配置と配線が規則正しく LSI 向きの構成となっているが，データ語長 n に対し n^2 のハードウェア量を必要とする．遅延時間はセレクタの入力数に比例するとして，$H\tau$ 積は $O(n^3)$ のオーダとなる．大きな n では不利となる．

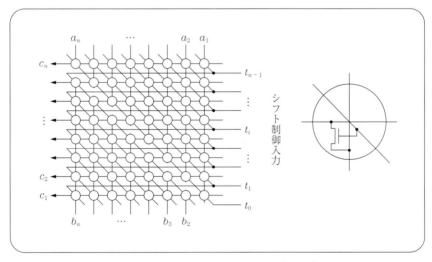

図 8.17　クロスバ型バレルシフタ（$n = 8$）

8.6 レジスタ

これまで述べてきたデータパス中の演算器は組合せ回路である．演算器の数にもよるが組合せ回路で処理できることには限りがあり，高度な情報処理では中間結果を記憶して繰り返し演算を行う．このとき用いられるデータの記憶回路を**レジスタ**と呼ぶ．レジスタは，頻繁に読み書きされるため高速記憶回路であるが，必要とする記憶容量は通常あまり多くない．また，データの寿命（データが書き込まれてから次の新しいデータが書き込まれるまでの時間）も短い特徴がある．

図 8.18 は，レジスタの典型的な用い方を示したものである．演算器の入出力に位置するレジスタは「一時レジスタ」であり，演算の前後の限られたクロック期間だけデータを記憶するために用いる．「レジスタファイル」は一連の計算の中間結果を記憶するものであり，多数のレジスタ集合である．レジスタファイル中のデータの寿命も通常は長くはないが，一時レジスタのように「寿命の上限」を規定できない．このことから，一時レジスタにはリフレッシュ機構を持たないダイナミック型記憶回路を利用することもできるが，レジスタファイル用にはスタティック型記憶回路か，リフレッシュ機構付きのダイナミック型記憶回路が必要となる．

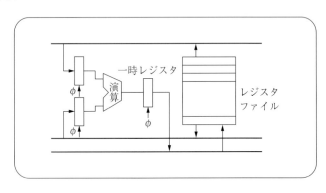

図 8.18　レジスタの用途

図 8.19 はレジスタの構成例を示したものである．図 (a) のダイナミック型は最も簡単であるが，データの寿命は有限である．図 (b) と図 (c) は，それぞれレベルトリガ型とエッジトリガ型のフリップフロップを並べたものであり，一時レジスタだけでなくレジスタファイルでも用いられる．回路は右側ほど複雑となるが，利用法上の制約は少なくなる．

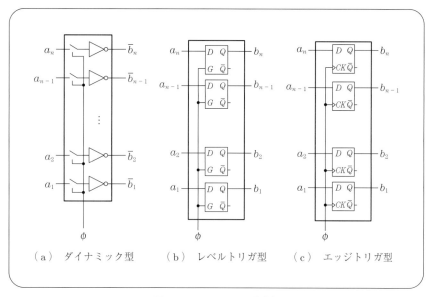

図 8.19　レジスタの構成例

8.7　バ　ス　方　式

　レジスタの出力がバスラインと接続される場合には注意が必要である．バスラインは複数のデータソースと接続されるため，レジスタ出力は指定された時間だけバスラインに接続される必要がある．バスラインの構成には図 8.20 に示す「プルアップ・プルダウン型」と「3 状態型」がある．前者では，バスを駆動するためには，各レジスタごとにプルダウン回路と

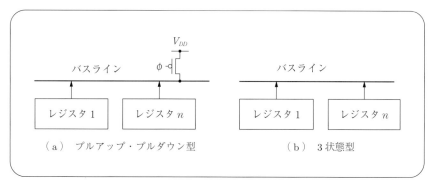

図 8.20　バスラインの構成

バスラインに一つのプルアップ回路を用意すればよい．後者では，3 状態出力回路をレジスタ出力に用いる．

3 状態バスとの接続の例を図 8.21 に，プルアップバスとの接続の例を図 8.22 に示す．図 8.21 中のインバータ B の役割は重要である．負荷容量の大きなバスを駆動するバッファの意味とともに出力バスの状態が記憶回路に「逆流」することを防いでいる（パスゲートは双方向に導通する）．なお，図中のインバータ B とパスゲートは一つのクロックインバータ C と置き換えることもできる．

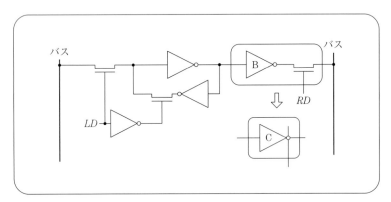

図 8.21　3 状態バスとの接続（1 ビットスライス）

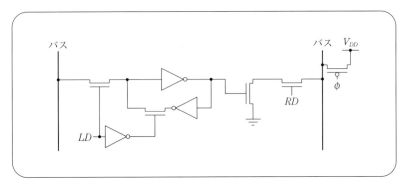

図 8.22　プルアップバスとの接続（1 ビットスライス）

3 状態バスでは，二つ以上のデータソースが過渡的にでも同時にバスを駆動してはならない．駆動バッファの出力が異なるとデータ衝突が生じ過渡電流が流れるためである．プルアップ・プルダウンバスにはそのような問題が生じない反面，プルアップ回路をダイナミック駆動する時間が余計にかかる．スタティックにプルアップすることもできるが，nMOS 回路と同様に消費電流が増える．また，プルダウン回路のオン抵抗とプルアップ回路の抵抗との「抵抗比（レシオ）」を適正に設計しないと動作しない．

図 8.23 は，以上の構成を多重バスシステム（3 バスシステム）に拡張した例である．レジ

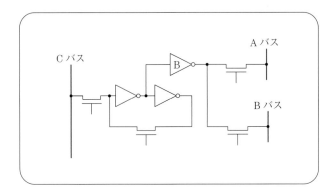

図 8.23 3 バスシステム
（1 ビットスライス）

スタから見れば 1 入力 2 出力となっている．実際のシステムは，データ語長だけ図 8.21〜図 8.23 の回路（1 ビットスライス）が集まったものである．

レジスタファイルはレジスタの集まりであり，レジスタを積み重ねることで構成できる．図 8.24 のように各レジスタを直接バスと接続してもよいが，それぞれに強力なバス駆動バッファ回路が必要となる．それを避けるには，レジスタファイルに内部バスあるいはセレクタ回路を用意し，いったん一つの信号にまとめてからバスと接続する．また，図に示すようにレジスタファイルは通常，接続するバスと同数の「アドレスデコーダ」を持ち，複数のバスとの間で書込み・読出しを並行して行えるように設計する．

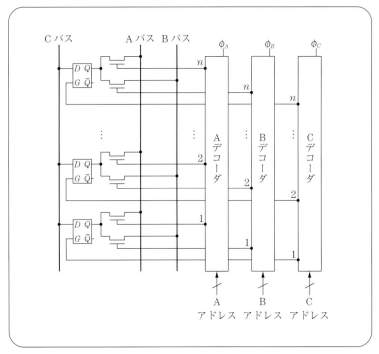

図 8.24 レジスタファイルのアクセス制御
（1 ビットスライス）

8.8 カウンタ

レジスタと論理を組み合わせて実現される回路に「カウンタ」がある．これは入力パルスの数を計数するなどのために用いられる．

8.8.1 2進カウンタ

図 **8.25** のようにレジスタと並列加算器を組み合わせて2進カウンタを構成できる．この場合，加算器の一方の入力を"1"（各加算入力を0，キャリー入力を1）とすることで「UPカウンタ」，加算器の一方の入力を"−1"（2の補数では各加算入力を1，キャリー入力を0）とすることで「DOWNカウンタ」となる．

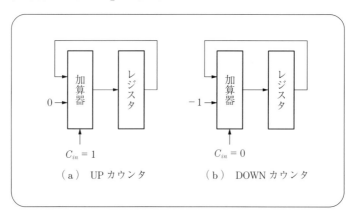

図 **8.25** 並列加算器を用いた UP・DOWN カウンタ

加算器の片方の入力が常に0か常に1であることから，カウンタ用の加算器は簡単化できる．図 **8.26** は，リプル加算器を簡単化した UP カウンタである．ここではフルアダーがハーフアダー[†]に簡単化されている．C_{out} を別の UP カウンタの C_{in} に接続することで任意長の UP カウンタを構成できる（動作時間は段数に応じて遅くなる）．同様にキャリー先見加算器（CLA）を用いて UP・DOWN カウンタを構成できる．図 **8.27** は CLA を基本とした UP カウンタの例である．

[†] ハーフアダー（半加算器）は2入力2出力の加算器であり，フルアダー（全加算器）の入力の1本を常に0としたものと等価である．

8.8 カウンタ 171

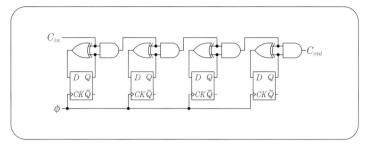

図 8.26　リプル型 UP カウンタ

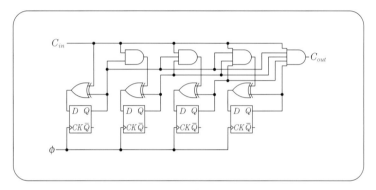

図 8.27　CLA 型 UP カウンタ

8.8.2　シフトレジスタ型カウンタ

図 8.28 (a) に示すように，エッジトリガ型フリップフロップを並べて同じクロックを与えることでデータを逐次シフトする「シフトレジスタ」を構成できる．これを基本としたカウンタには図 (b) のリングカウンタ，図 (c) のジョンソンカウンタ（メビウスカウンタ），図 (d) の擬似乱数カウンタがある．

リングカウンタでは 1 箇所のフリップフロップだけを 1 とし，他を 0 とした状態を初期値としてシフトレジスタの長さを周期とするカウンタとして動作する．例えば，内部状態が (1000)・(0100)・(0010)・(0001) のようにクロックごとに変化する．シフトレジスタ中の「1 の位置」がカウント数であるが論理ゲートを必要とせず，動作速度もシフトレジスタ長に関係せず，前節の 2 進数型より高速のカウンタである[†]．

ジョンソンカウンタでは (0000)・(1000)・(1100)・(1110)・(1111)・(0111)・(0011)・(0001) を周期とし，リングカウンタの 2 倍の周期を持つ．

[†] 2 進カウンタより高速である反面，カウント数の大小比較などには向いていない．また，トグルフリップフロップ（1 段のジョンソンカウンタ）を並べ，前段出力を次段のクロックに接続した「非同期 2 進カウンタ」も高速であるが，カウント数の比較には一定時間，待つ必要がある．

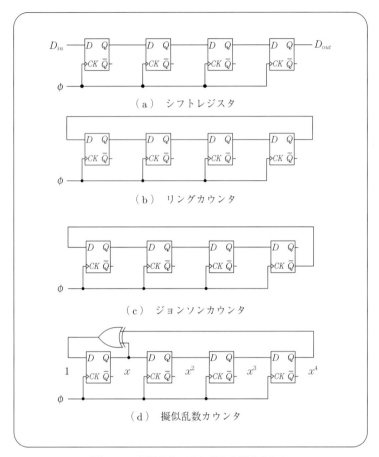

図 8.28 各種のシフトレジスタ型カウンタ

図 (d) の擬似乱数カウンタは擬似乱数系列を発生するものである．左から右に向かい，各フリップフロップの入出力信号を 1, x, x^2, x^3, x^4 に対応させたとき，XOR ゲートに接続されている場所により「多項式」を得る．例えば，図の例では $x^4 + x + 1$ である．この「多項式が $[0,1]$ のガロア体上の多項式環の上で素である」とき，擬似乱数カウンタ最大周期 $2^n - 1$ を持つことが知られている．つまり，多項式が因数分解できなければよい．ここで，n は多項式の最大次数である．詳しくは符号理論の文献を参照されたい．LSI において擬似乱数カウンタは，情報処理の誤り検出や故障診断などのさまざまな目的で用いられ有用性が高い[†]．

[†] 擬似乱数は真の乱数ではない．暗号などで必要な「真の乱数」を LSI で生成することは必ずしも容易ではないが，熱雑音などの信号を利用したより真の乱数に近い生成手法が知られている．

本章のまとめ

❶ **データパスとコントローラ** LSI を設計する際，演算器やレジスタなどの「データを保持し計算をする部分」と条件に応じてそれらを「制御する部分」に分けたモデルで考えることが多い．前者をデータパス，後者をコントローラと呼ぶ．

❷ **有限状態機械とコントローラ** コントローラを記述する方法の一つに有限状態機械がある．LSI では組合せ論理部と状態記憶部の組合せでコントローラが実現できる．

❸ **状態遷移図・状態遷移表** 有限状態機械を記述する手法であり，現状態と入力の組合せで次の状態と出力が記述される．

❹ **$H\tau$ 積** ハードウェア量と演算に要する時間との積であり，LSI における良さの指標の一つである．$H\tau$ 積が同じであれば回路方式によらず，LSI 上では同じ面積で同じ性能の回路が実現できるとみなす．

❺ **並列加算器** 2 進数の加算を行う組合せ回路であり，リプルキャリー加算器（RCA），キャリー先見加算器（CLA），キャリーセレクト加算器などがある．$H\tau$ 積は CLA が $O(n \log n)$ のオーダとなり，最も良い指標である．

❻ **並列乗算器** 2 進数の乗算を行う組合せ回路であり，生成される部分積を加算する構成をとる．加算手法の違いによりアレー型乗算器，ツリー型（ワレスツリー）乗算器がある．ともにキャリー伝搬を行わないキャリーセーブ型加算器（CSA）を用いて二つの 2 進数まで圧縮し，最後にキャリー伝搬型の加算器である RCA や CSA などで乗算結果を得る．$H\tau$ 積はツリー型が最も優れ，$O(n^2 \log n)$ のオーダとなる．

❼ **ブースの部分積生成法** 2 進数の乗算において，掛ける数を 2 桁ずつ処理し，部分積の数を半減する方法である．これにより並列乗算器では CSA の数もほぼ半減する．

❽ **シフト演算** 2 進数を左または右に複数ビット移動する演算を指す．論理シフト，算術シフト，巡回シフトがあり，それぞれ，はみ出した桁と繰り入れる桁の処理が異なる．

❾ **バレルシフタ** シフト演算を実現する組合せ回路である．2 入力セレクタを多段に用いるファネル型と，多入力セレクタを用いるクロスバ型がある．$H\tau$ 積は前者が優れ $O(n \log n)$ のオーダとなる．

❿ **レジスタ** データパス中などで 2 進数を一時的に記憶するための回路である．

❶❶ **バス方式**　レジスタなどを接続する方法により，プルアップバスと3状態バスがある．

❶❷ **2進カウンタ**　クロック信号に応じて2進数の状態を遷移する順序回路である．UP・DOWNカウンタが代表例である．

❶❸ **シフトレジスタ型カウンタ**　シフトレジスタ回路に基づくカウンタであり，高速性に優れる反面，最大カウント数で劣る．

❶❹ **擬似乱数カウンタ**　クロック信号に応じて擬似的乱数を発生する回路である．LSIのテストや通信のための冗長符号などに用いられる．シフトレジスタに基づく高速なカウンタであり，最大カウント数も2進カウンタ並みであるが，カウント数は擬似乱数値で与えられる．

冒頭：用いる記憶回路により，ダイナミック型，レベルトリガ型，エッジトリガ型がある．

●理解度の確認●

問 8.1　表8.2の次状態出力の最上位ビット（左端）の論理を，できるだけ簡単な論理式で示せ．

問 8.2　RCAをブロック加算に用いたnビットキャリーセレクト加算器の遅延時間はnが大きいとき，ほぼ$\tau \propto \sqrt{n}$となり，ハードウェア量・遅延時間積は$O(n\sqrt{n})$のオーダとなることを示せ．

問 8.3　図8.16では，データ語長が16ビットの場合，2入力セレクタがいくつ必要か．

問 8.4　図8.21で，インバータBがないと，どのようにバスのデータが記憶回路に逆流するかを説明せよ．

問 8.5　リプル加算器を基本としたDOWNカウンタの回路を示せ．

問 8.6　リングカウンタもジョンソンカウンタも初期状態によっては期待と異なる振舞いをする．どのような初期状態でも必ず本来の状態に復帰するにはどのような工夫をすればよいか．

問 8.7　図8.28(d)の擬似乱数カウンタの初期値を1111としたときの状態変化を求めよ．

9 LSI設計の様式

　LSI設計の最終段階はマスクパターンを作成し製造側に渡すことである．多くの素子からなるLSI回路を効率的に設計しマスクパターンを作成するため，通常は階層設計の手法をとる．階層設計は一つのLSIを設計する場合，その機能をより簡単な機能の集まりに分解し，それらを統合して目的の機能を実現する方法である．分解された各機能は再びより簡単な機能へと分解していく．この分解過程は，既に実現方法が知られている簡単な機能まで再帰的に繰り返される．既に実現方法が知られている「機能」は場合によって異なる．LSI設計の初期にはLSIに要求される機能も比較的簡単なものであり，それらの機能はFET素子まで分解された．しかし，LSIの発展とともに，標準的機能は「設計ライブラリ」として整備されるようになり，機能の分解はそれらのライブラリまでで留められるようになった．設計ライブラリも当初は基本ゲート回路やフリップフロップ回路であったが，徐々に並列演算回路や大容量メモリへと複雑化していき，CPUコアまで標準的設計ライブラリとみなされるように発展してきた．この発展の段階の中で，一定の複雑な機能を有し，それ自体が設計財産として価値が認められるものは「設計知財」（intellectual property, IP）として，法律上も保護され，市場に流通する「財産」と認められるようになってきた．

　本章では，これらの発展を背景としてLSI設計の様式について説明する．

9.1 LSIの設計階層とカスタム設計

図 9.1 は，LSI の設計階層とカスタム・標準設計の概念を示したものである．縦軸は設計の複雑度を示す階層であり，横軸は LSI 設計の発展の時間軸と考えてよい．ここで，**基本素子**とは，FET や抵抗，容量などの回路素子である．**基本回路**とは，基本ゲート回路やフリップフロップのような記憶回路である．**機能モジュール**とは，並列加算器，乗算器，シフタやレジスタファイル，RAM・ROM のような情報処理演算に用いられる基本単位である．**処理ユニット**とは，CPU コアや画像圧縮エンジン，暗号エンジンなどの一つの情報処理を担うユニットである．**システム**とは，ここでは LSI そのものであり，**システム LSI**，あるいは **SoC** (system on chip) などと呼ばれることもある．LSI の発展とともに，一つのチップに搭載される機能も複雑なものになってきた歴史を示している．

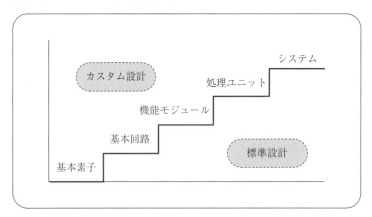

図 9.1 LSI の設計階層とカスタム・標準設計の概念

一つのチップに搭載される機能が上位のものになるにつれ，LSI 設計において基本素子までの階層ギャップを「いかに埋めるか」が設計の課題となってくる．図の上部にある「カスタム設計」の領域は，LSI ごとに最適化した設計作業を行う領域であり，図下部の「標準設計」の領域は，既に設計されている標準部品を用いて設計する領域を示している．図の最も左側に示すように基本素子まで最適設計する設計様式を**フルカスタム設計**という[†]．反対に図の最も右側に示すものは「標準設計」であり，既にある LSI をソフトウェアなどで特化すること

[†] 似た概念にカスタム IC や **ASIC** (application specific integrated circuits) があるが，これは応用ごとに特化して設計された LSI を指す．

で目的を達成するものである．この両者の中間に位置する設計様式は**セミカスタム設計**と呼ばれる．既に標準部品として設計されている基本回路や機能モジュール，演算ユニットなどを土台として，それらの組合せでLSIを組み上げる設計様式である．

フルカスタム設計から標準設計までの設計様式の違いは，主として設計コストとチップ性能である．一般に，フルカスタム設計は設計コストが高いが，チップ面積や演算速度，消費電力などのチップ性能も高くなることが期待される．反対に標準設計に近付くほど，設計コストは低く抑えられる反面，チップ性能はフルカスタム設計には及ばない．チップ当りのLSIコストについては，チップ面積はLSI製造歩留まりに関係するため大きく影響するが，設計コストの影響はLSIチップ製造数に反比例する．そのため，量産が見込まれるものほどフルカスタム設計が有利となり，少量生産になるほどセミカスタム設計，あるいは標準設計を用いることになる．

9.2 階層設計と記述言語

図9.1の設計階層に従って設計を進めるときに用いる記述法に**ハードウェア記述言語**（hardware description language, **HDL**）がある[†]．LSIの階層設計作業はHDLを用いて構造記述を行うことと等価である．一つの設計階層の記述は，下位階層の回路ブロック（処理ユニットや機能モジュール，基本回路など）を適宜「引用」し，それらの相互接続関係を記述したものである．この記述作業も階層ごとに再帰的に行われ，既に設計されている標準設計を引用するまで繰り返される．

LSIは所定の機能を実現するよう再帰的に階層設計される必要があるが，同時に再帰的設計過程では下位階層回路ブロックのそれぞれが満足すべき実行速度（タイミング）にトレードオフの関係がある場合がある．再帰的階層設計の過程では各回路ブロックに最適なタイミング制約を指定することは必ずしも容易ではないが，合理的範囲でタイミング割当て（タイミングバジェット割当て）を行う必要がある．

構造記述用のHDLにはいくつかのものがある．Verilog–HDLやVHDLはその代表例であり，LSI設計の広い設計階層を記述できる（FET回路の記述には回路シミュレータ**SPICE**（simulation program with integrated circuit emphasis）のネットリスト記述も用いられる）．記述された設計は，ソフトウェア言語のように専用のシミュレータを用いて設計検証で

[†] 図面による設計記述も用いられるが，設計検証や設計自動合成などの観点で，HDL記述が主流となっている．

きることが特徴である．設計者は仮想的な入力をシミュレータに与えLSIの「実行結果」を得て，設計の妥当性を検証できる．また，HDLによる構造記述は既設計の回路ブロック群の相互接続関係を示した「ネットリスト」と等価であるため，マスクパターンとの自動チェックに用いることができ，必要に応じてマスクパターンの自動生成プログラムの入力として用いることもできる．

なお，HDL記述には構造記述とともに**動作記述**と呼ばれる記述がある．これは，回路ブロック間の接続情報の記述ではなく，「何を実行したいか」をソフトウェア言語のように記述するものである．ここでは，記述階層によりソフトウェア言語の加減乗除演算子やブール代数式などが記述に用いられる．これらの演算を具体的に実現するための下位の回路ブロックや制御タイミングについては記述されない．そのため，HDLによる動作記述はシミュレーション検証はできるが，そのままでは設計が完了したことにはならない．設計の初期あるいは中間段階で構造が決定されていない回路モジュールに対して用いられるとともに，動作設計から構造設計への自動変換プログラムの入力としても用いられる．この自動合成は，加減乗除演算子などの上位記述から機能モジュールへの変換を**高位合成**（high-level synthesis），ブール式などの機能モジュール記述からの論理回路への変換を**論理合成**（logic synthesis）と呼ぶ．すべて自動合成で満足できる構造記述が得られるわけではない．

9.3 設計検証

構造記述されたLSI設計は検証する必要がある．HDLを用いて構造記述された設計は既存の回路ブロック相互間の接続情報と等価であり，シミュレータ上で「実行検証」できる．また，比較的小規模の記述部分に対しては特定の性質を有することをコンピュータを用いて「形式検証」できる場合もある．シミュレーションで「実行検証」するには，入力データを設計者は与える必要がある．形式検証は定理の証明に似た処理であり，設計者は設計が満たすべき「性質」や，正しいとされる「参照モデル」を与える必要がある．いずれも「完璧」な検証を保証することはできないが，妥当な範囲で設計検証を行うことになる．

検証の対象は論理機能とタイミングである．論理機能の検証は設計が正しければ当然満足すべき事項である．タイミング検証は設計が所定の動作速度を有していることの検証である．論理回路レベルでのタイミング検証は，主としてフリップフロップのセットアップ・ホールド時間の制約が満足しているか否かの検証となる．満足していない場合は，回路の再設計や

バッファ回路，遅延回路の挿入を行うことになる．

設計の比較的早い段階で後述のフロアプランの制約を確認することや，LSI の消費電力の予測も設計検証の一つの要素である．このための予測ツールも一定の誤差はあるものの利用可能である．

9.4 フロアプラン

既に完成している標準設計を別とすると，LSI 設計では下位階層の処理ユニットや機能モジュール，基本回路の集まりとして設計を行う．これらは最終的に所定のチップ面積に収まることが最も肝要な要求条件となる．そのため，チップ内にこれらの回路ブロックをどのように配置するか大まかに設計する必要があり，同時に回路ブロック間にどのようにデータや制御信号を流すべきかを定める必要がある．この作業を**フロアプランニング**と呼び，出来上がった配置図を**フロアプラン**と呼ぶ．

図 9.2 はフロアプランの概念図である．回路ブロックの外形の多くは長方形である[†]．図のように所定の大きさのチップ中に各回路ブロックを配置し，その間を接続する必要十分な配線領域を確保する．必要な配線領域は配線数と配線に用いる金属配線層数とに依存するが，進んだ多層配線技術では回路ブロック上も配線領域に利用できるため，配線専用領域の必要性は少なくなってきている．

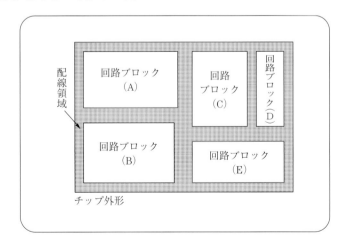

図 9.2 フロアプランの概念図

[†] 後節で説明する基本回路による自動配置・配線法で作成する論理回路のモジュールであれば長方形以外の領域としても合成可能であり，より効率的フロアプランが作成できる．

フロアプランを設計するには，まず各回路ブロックの物理的大きさを知る必要がある．各要素回路が既に設計済みの標準設計であればよいが，そうでない場合は「推定」して定めることになる．このためフロアプランニングは高度な経験を必要とする作業である．この推定作業を支援するための手法やツールも利用できる場合もあるが，最終的には誤差を伴う．大きなLSI設計では，このため何度かの試行錯誤が繰り返されることになり，設計コストの増大につながる．フロアプランニングも図9.1の設計階層に従い，既設計の処理ユニットや機能モジュールに至るまで再帰的に行われる．

9.5 セルベース設計様式

論理回路の機能モジュールや処理ユニットなどを基本回路の組合せとして設計する手法として広く用いられるものに「セルベース設計」がある．機能モジュールや処理ユニットの基本回路を用いた構造記述は，人手で準備してもよいが，多くの場合は論理合成プログラムによる自動設計の結果が用いられる．基本回路は**標準セルライブラリ**とも呼ばれ，あらかじめ標準回路として準備されているものを用いる．標準セルライブラリはその論理的機能とともにFET回路図，セルレイアウト（マスクパターン情報），遅延時間や消費電力などの電気的パラメータが登録されている．

繰り返し用いられるため，面積効率の高いセルレイアウトが要求される．標準セルライブラリの寸法や形状がまちまちでは回路ブロックを構成する上で不都合が多く，一定の制約を課すのが普通である．制約条件の典型的例は次のようなものである．

① 各セルの高さを一定値（の整数倍）とする．セルの幅は任意でよい．
② セルの電源端子をセルの両端（左右）からとり，セルを左右に並べることで電源の「突合せ配線」をできるようにする．
③ セルの入出力端子はセルの上下あるいはセル上の一定のグリッド格子上に配置する．

図**9.3**は上記の制約を満たす典型的セル回路の構成を示したものである．この制約に従い人手により面積効率の高いセル回路を設計することも多いが，自動設計手法も開発されている．いずれにしても面積効率を高くするための指針として，次に述べる「1次元レイアウト」が用いられることが多い．

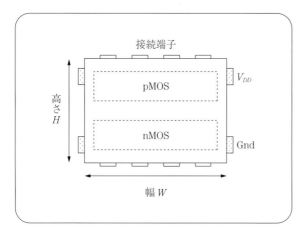

図 9.3 典型的セルライブラリの
セルレイアウト構造

9.5.1 標準セルライブラリの1次元レイアウト手法

1次元レイアウトでは回路を構成する nFET 群と pFET 群をそれぞれ一列に配置し必要な接続を行う．図 9.4 は，3 入力 NAND ゲートを例にとって 1 次元レイアウトを説明したものである．図 (a) に示すように，1 次元レイアウトでは nFET 回路網と pFET 回路網を「同期してカバーする」一筆書き（オイラーパス）を見いだす．ここで同期とは，オイラーパス上で nFET と pFET が同じゲート入力を持つよう並べることをいう．図 (a) の例では，nFET のオイラーパス a，b，c と pFET のオイラーパス a，b，c とが同期したカバーである．このようなオイラーパスが見いだされれば，図 (b) に示すように一筆書きの順番にゲートを並べた 1 次元 FET 配列を作成できる．図 (b) では下側が nFET 列，上側が pFET 列である．オイラーパスが同期していることから，上下の同じ水平位置にある nFET と pFET は同一ゲー

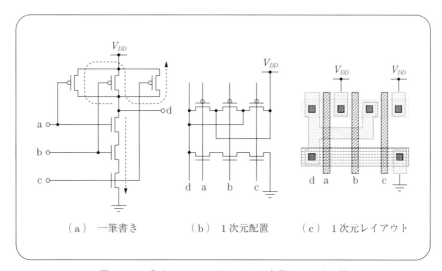

図 9.4 3 入力 NAND ゲートの 1 次元レイアウト例

ト入力となっており，垂直配線で接続でき，コンパクトなレイアウトが可能となる．また，一筆書きであることから，隣り合う FET のソースとドレーンの拡散領域を共有することができ，レイアウトがコンパクトとなる．

1 次元レイアウトの最後の作業は，コンタクトと金属配線を用いて FET を接続し，回路を完成することである（図 (c) 参照）．図では電源と接地は模式的に記号で示してある．金属配線を 2 層利用できる場合には，原則として配線の上下方向と左右方向に別の金属層を用いることで機械的に配線できる．

すべての回路が一組みの同期したオイラーパスでカバーできるとは限らない．この場合はオイラーパスを中断し，残りの回路に対して新たなオイラーパスを見いだす．これを繰り返し最終的に FET 全体をカバーする．1 次元レイアウトの手順は以下のように記述される．

① pFET 網と nFET 網をできるだけ少ない数の同期したオイラーパスでカバーする．
② オイラーパス上の FET の順に，pFET と nFET をそれぞれ上下 1 次元にソース・ドレーンを共有するよう並べる．
③ 複数のオイラーパスでカバーされる場合は，パスの中断する箇所の FET のソース・ドレーンは共有しないように間隔をあける．
④ 最後に元の回路に従って金属配線を用いて FET を接続する．

複数のオイラーパスでカバーされる場合はパスの中断箇所は，図 9.5 のように拡散領域を共有できないため（図の例では 7λ だけ），セルの水平寸法が大きくなる．そのため 1 次元レイアウトでは，できる限り少ない数のオイラーパスで回路をカバーする必要がある．また，複数のオイラーパスが求められた場合，相互の位置関係によって金属配線の難易度が異なる．

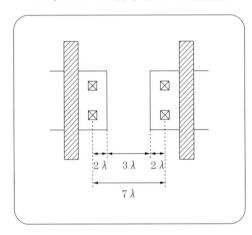

図 9.5　オイラーパスの中断箇所

上記 1 次元レイアウトの条件の中で，nFET 網と pFET 網の「同期」の条件を除外することもでき，より少ないオイラーパスで回路をカバーできる可能性がある．ただし，nFET 配列と pFET 配列とは同期していないため，相互のゲートを別途接続する必要がある．

また，図 **9.6** に示す例のように，nFET 網と pFET 網が互いに双対関係にあるとき，同期したオイラーパスを求めるにはグラフ上で互いのパスが「直交」するような経路を求めればよい．図の例では，nFET のグラフ（図 (b) の実線）を c・b・a の順にカバーするとき，pFET のグラフ（図 (b) の破線）もまた c・b・a の順にカバーし，互いにパスが直交しているのが分かる．図 (c) は結果として得られる FET の 1 次元配置である．

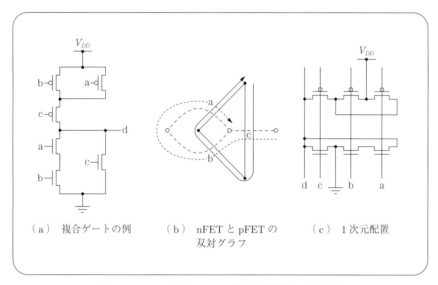

(a) 複合ゲートの例　　(b) nFET と pFET の双対グラフ　　(c) 1 次元配置

図 **9.6** nFET 網と pFET 網が双対関係にある場合

図 **9.7** は，より実際的回路の 1 次元レイアウトの例（フルアダー）である．金属配線は垂直方向，水平方向にそれぞれ第 1 層，第 2 層を用いている．上側と下側にそれぞれ水平に走っている幅広の第 2 層金属配線は電源とグラウンドである（図 **9.8** 参照）．この回路では三つの

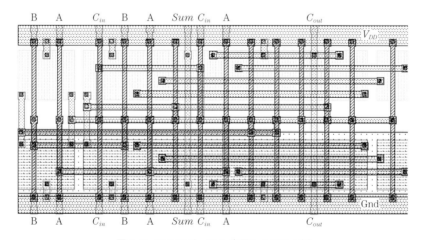

図 **9.7** フルアダーの 1 次元レイアウト例

184   9. LSI 設計の様式

図 9.8　フルアダーの 2 層金属配線の実体図

同期したオイラーパスで回路がカバーされている．図 9.9 は図 9.7 の 1 次元レイアウトに用いたフルアダー回路である．

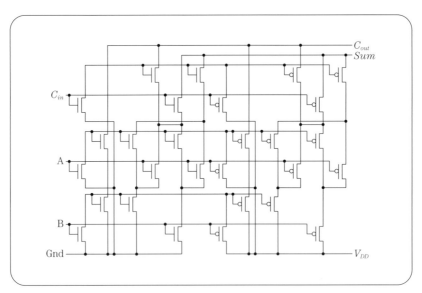

図 9.9　1 次元レイアウトに用いたフルアダー回路

9.5.2　セルベース設計の配置配線様式

標準セルライブラリから構成される構造設計のネットリストを用いて回路ブロックのレイアウトを設計するには，配置・配線法を用いる．標準セルライブラリ回路を組み合わせて回路を実現するもので柔軟性や汎用性が高い．

標準セルライブラリによる配置配線の概念図を図 9.10 に示す．図では隣り合ったセル間の電源配線を明示的に示しているが，実際には並べるだけで自動的に接続される．ただし，外部との電源接続は図のように接続する必要がある．セルが横に並んだもの（行）が縦積みに

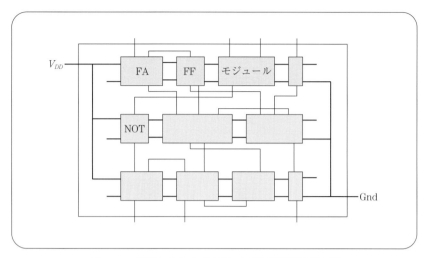

図 9.10 標準セルライブラリによる配置配線の概念図

なった構造となっているが，行間には「配線チャネル」が置かれ，接続のための金属配線を置く．多層配線が可能な技術ではセル上にも配線が可能となり，面積効率が向上する．

　図では，すべてのセルは上向きに配置されているが，セル上の配線が可能な場合は電源線を共有する目的で「1行おきに上下反転セル」が用いられる．また，配線状況に応じ左右反転も適宜利用できる．セルを最密充填した場合は配線の混雑のため配線が完了できない場合も生ずる．その場合，電源，接地などの基本配線のみのセルを挿入してセル密度を下げる．

　図の電源配線の形状は「くしの歯」が入れ子状となっている．配線層数の少ないLSIでは電源は多くの場合このような形状をとる．電源配線専用の配線層が使える多層配線LSIでは，配置配線領域を縦横に覆う「電源グリッド」様式の電源線の構造となる．図 9.11 のチップ写真は，上記の配置配線法により合成した16ビットマイクロプロセッサである．

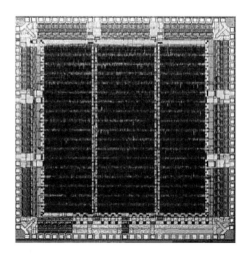

このチップは，大日本印刷株式会社と日本モトローラ（現 モトローラ・ソリューションズ）株式会社の協力により，東京大学大規模集積システム設計教育研究センターを通して試作した．

図 9.11 配置配線法による 16ビットマイクロプロセッサのチップ写真

9.6 タイル法による設計様式

　セルベース法に対し本節で述べるタイル法は，メモリやレジスタファイル，演算器のように規則性の高い機能モジュールに適した方法である．回路を構成する各部分を回路断片（タイル）として専用に作成しそれを敷き詰めるものである．回路断片はその機能モジュール専用に作成するため，FET 寸法の最適化がなされ面積効率も高い．反面，汎用性はなく通常は機能モジュールごとに用意する必要がある．バス配線のような広域配線も回路断片の中に埋め込まれ，タイルのように敷き詰めることで回路断片間の配線が完成されるよう設計される．タイル法は子供の玩具の積み木に似ていることから別名ブリッスルブロック，レゴなどと呼ばれる．メモリ容量，演算ビット数などのパラメータを指定してタイルを並べることで，所定のメモリ回路や演算器が合成できる「パラメータ化マクロセル」が実用化されている．このようにワード語長やメモリ容量などのパラメータを与えて，その機能モジュールのレイアウト，FET 回路，遅延や電力消費などの電気的特性を自動合成するプログラムをその機能名を冠して，**メモリコンパイラ**，**データパスコンパイラ**などと呼ぶ．

　タイル法では，まず機能モジュールの持つ規則性に着目して回路を部分に分解する．例えば，**図 9.12** のレジスタファイルでは全体を**図 9.13** に示す三つの断片に分解する（必要に応じてこれらは更に細かい要素（上辺，下辺，左辺，右辺，コア，コーナなど）に分解される）．図 9.13 (a) はレジスタのアドレス信号の否定を発生するインバータであり，図 (b) とともにデコーダ回路を構成している．デコード信号は図 (c) の記憶要素に接続される．図 (c) の記憶要素には記憶回路と 3 状態駆動回路とともに 3 本のバスが「内包」されていることに注意されたい．図 9.12 では 4 ビット語のレジスタ 4 語の構成となっているが，記憶要素を積み増すことで，8 ビット語や 16 ビット語に拡張することは容易である．ただし，デコード回路の駆動力をそのままとすると，ファンアウト効果でアクセス時間は長くなることに注意する必要がある．

　図 (b) のデコード回路中の破線の円は「プログラムコンタクト」を表す．図 9.12 に示しているように，各 NAND の入力は異なる線に接続されている．実際にタイル法で回路断片（タイル）を並べる場合には，目的によってこのようにコンタクトなどを用いてタイルを「プログラム」してから用いる．

　タイル法は，並べるタイルの個数をパラメータ化するとともにコンタクトなどをプログラ

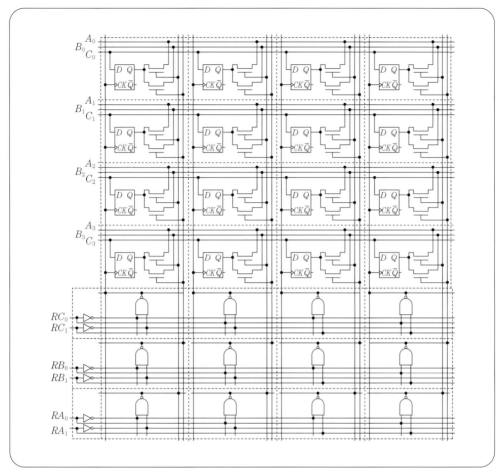

図 9.12 タイル法によるレジスタファイルの構成

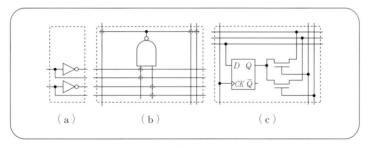

図 9.13 レジスタファイルのタイル

ム化することで柔軟な回路ブロックを構成できる[†]. 明示してはいないが，電源・グラウンド

[†] タイル法では，各タイル周辺のレイアウトがあらかじめ分かっている．そのため，回路密度を上げる目的で一般の設計規則とは異なる「専用の設計規則」が適用されることがある．特に，メモリのセル回路の設計規則は，論理回路用とは異なり，高い回路密度を実現する．

配線もタイルの突合せによって自動的に接続されるようにする．

図 9.14 は，タイル法でレジスタファイルや算術論理演算回路（ALU）を設計し，フルカスタム設計により試作した 16 ビットマイクロプロセッサの例である．マイクロプロセッサ自体は図 9.11 に示したものと同様なものである．

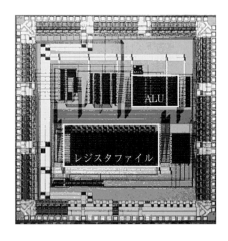

図 9.14　タイル法による 16 ビットマイクロプロセッサのチップ写真

9.7 マスクパターンの検証

LSI 設計において回路設計とマスクパターンとの対応関係を検証することはたいへん重要である．回路設計は，最終的に FET のような素子が配線で接続されたもの（ネットリスト）として生成される．一方，マスクパターンは図形の集まりである．多くの場合，ネットリストからマスクパターンが自動的に生成されるが，一部は手作業となることも多く，自動生成であっても必ずしも正しいとは言い切れないほど，現在の LSI は複雑なものになっている．そのため LSI 設計の最終段階として，レイアウトの検証が行われる．

9.7.1　幾何学的設計規則の検証

DRC（design rule check）と呼ばれ，マスクパターンの寸法，間隔，重なりなどの設計規則を満たしているか否かをチェックするものである．これは製造前に行われる最低限の検証である．これらの検査の多くは，5 章で述べた図形演算の組合せで実現できる．

9.7.2　電気的規則の検証

ERC（electrical rule check）と呼ばれ，マスクパターンの電源−接地の短絡，断線，FETのゲートの断線など，LSI回路が最低限満たすべき性質の検証である．

9.7.3　マスクパターンからの回路抽出とLVS

LVS（layout versus schematic）と呼ばれ，マスクパターンからFET単位あるいは回路モジュール単位の接続情報を抽出し，回路設計データと比較検証するものである．レイアウトにはネットリストを示す記号情報などが別途必要であるが，論理的接続関係の正しさを保証する重要な検証である．

9.7.4　マスクパターンからの回路抽出と検証

マスクパターンから寄生素子（配線容量や配線抵抗）を含む等価回路を抽出し，回路シミュレーションにより動作を確認する検証である．これにより最終的な速度性能などが推定される．

LSI設計を終え，マスクパターンを製造側に引き渡す（tape-out）には上記のすべての検証を終えていることが重要である．

9.8　LSIの製造後設計検証

通常，LSI製造後にはテストが行われる．これは製造が設計者の意図したとおり行われたか否かを判定し，製品出荷の是非を判断するものである．既に4章で述べたように，LSI設計者はあらかじめそのためのテストデータを製造側に提供しておく．

LSI加工技術が微細化するにつれ素子寸法が小さくなり（デバイススケーリング），電源電圧をそのままにすれば強電界による素子破壊が生ずる．LSIではこれを避けるため，素子寸法に応じて電源電圧を下げる必要があった．電源電圧の低下はLSIの速度性能の低下につながるため，要求される処理性能に応じ素子が破壊されない限り大きな電圧まで適宜与える**動的電圧制御**（dynamic voltage scaling，**DVS**）や，クロック周波数を最大まで変化させる**動

的周波数制御（dynamic frequency scaling, **DFS**）が行われるようになった．更に，電力当りの処理性能の最大化が求められる場合には，両者を併用する**動的電圧周波数制御**（dynamic voltage frequency scaling, **DVFS**）が行われる．

このような動的な制御がLSIチップの中の領域ごとに独立して行われる．チップ上に複数の処理ユニット（multi/many core）が共存する環境では電源電流の動的変動も加わり，電源電圧の予期せぬ変動による誤動作問題が顕在化してきた．これらの誤動作はLSI回路の動作余裕（マージン）の問題であり，本来は設計時に十分検証すべき事項である．しかし，上記のような複雑なLSIの動作環境では，事実上，設計時の十分な検証を行うことは技術上もコスト的に見合わなくなってきており，LSIの製造後に検証することが行われるようになってきている．これをLSIの**製造後設計検証**（post–silicon validation）と呼ぶ．大規模なLSIでは，シミュレーションなどの設計時の検証では手に負えなくなり，製造のやり直しのコストが高く，従来はタブーとされた「試作による設計検証」が必要となってきたわけである．

シミュレーションによる設計検証と異なり，製造後設計検証ではチップ内部状態への**可観測性**（observability）や**可制御性**（controllability）は格段に低くなる．そのため，テスト容易化設計[†1]の重要性が増してきている．しかし，従来のテスト容易化手法では製造の不具合による確定的な論理故障を対象としてきたのに対し，製造後設計検証ではチップの動的に変化する電源電圧や温度などの動作環境によって発生する不具合（動的動作マージン不足）を検出する必要がある[†2]．確定論的論理故障ではクロックを止めて（あるいは遅くして）も故障を再現できるが，動的動作マージン不足による不具合は実際の動作環境でしか発現せず，また再現も困難である．そのため回路の「動作の足跡」をチップ上に「記録」し，不具合がチップ外部から確認できた時点で読み出すなどの，確定論的論理故障とは異なる対処法が必要となってきている．

製造後設計検証の必要性は「LSIの高性能化の対価として支払うべきコスト」ともいえるが，設計論からみれば「敗北」ともいえる．動的不具合が生じた場合，動作を自動的にやり直す手法は既に一部で用いられているが，より積極的には動作マージン不足の予兆を検出し，未然に不具合発生を防止するようLSIの動作環境自体を自律的に制御する「**スマートLSI**」の設計様式が重要となってくるものと思われる．

[†1] テストを容易化するために，LSIの内部状態へのチップ外部からのアクセスを容易とする冗長回路を組み込む設計手法の呼称である．
[†2] この不具合を論理故障に対比して**電気的故障**と呼び，区別することがある．

本章のまとめ

❶ **階層設計** 複雑な LSI を一度に設計することは困難であるため，抽象度の高い大まかな設計から徐々に具体的な設計へと作業を進める．

❷ **カスタム設計** 複雑な LSI を目的に特化してすべて最初から設計するのはコストがかかる．多くは既設計の標準部品をベースに行うが，目的に特化した設計の部分をカスタム設計の部分と呼ぶ．

❸ **ハードウェア記述言語（HDL）** LSI を設計するためにソフトウェア言語と同様の記述言語を用いることが多い．これをハードウェア記述言語といい，Verilog-HDL や VHDL が代表例である．

❹ **設計検証** LSI 設計の正しさを検証することであるが，満たすべき仕様と比較しその正しさを検証する．比較検証はシミュレーションや形式検証で行う．

❺ **フロアプラン** LSI の中の構成要素（回路ブロック）の大まかな配置関係の設計である．

❻ **セルベース設計** あらかじめ設計された汎用性の高い基本機能を有する回路（セル）を用いて大きな回路を設計する手法である．セルの集まりは標準ライブラリと呼ばれる．セルの配置と相互配線はツールを用いて自動的に行われることが多い．

❼ **1次元レイアウト** nFET と pFET をそれぞれソース・ドレーンを共有できるよう一列に並べ相互に配線する手法であり，標準ライブラリによく用いられる．

● 理解度の確認 ●

問 9.1 図 9.9 の回路を 3 個のオイラーパスでカバーしてみよ．

問 9.2 図 9.13 の 3 種類のタイルを λ ルールで設計してみよ．

問 9.3 幾何学的設計規則の中の「図形の最小間隔」をチェックするための図形演算を 5 章で述べた図形演算の組合せで行う方法について考えよ．

参 考 文 献

多くの教科書があるが古典的代表例をいくつか下記に挙げる．

1) S. M. Sze：VLSI Technology, McGraw–Hill (1988)
2) C. Mead and Lynn Conway：Introduction to VLSI Systems, Addison–Wesley (1979)
3) N. Weste and K. Eshraghian：Principles of CMOS VLSI Design, Addson–Wesley (1993)
4) Donald E. Thomas and Philip R. Moorby：The Verilog Hardware Description Language, Kluwer (1998)

上記 1) は LSI の製造技術について詳しく勉強したい場合，2) は古い nMOS 技術ではあるが LSI 設計のバイブル的教科書（培風館から訳本），3) は CMOS 回路設計の網羅的参考書（丸善から訳本），4) はハードウェア記述言語についてのパイオニア的テキストである（培風館から訳本）．

索引

【あ】
後工程 …………………… 45

【い】
移動度 …………………… 7
インバータ ……………… 18
インバータ型回路 ……… 18
インバータ遅延時間 …… 26

【う】
ウェーハ工程 …………… 45
ウェル …………………… 49

【え】
エッジセンシティブフリップフロップ …………………… 132
エッジトリガ型フリップフロップ …………………… 132
エレクトロマイグレーション …………………… 80

【か】
可観測性 ………………… 190
可制御性 ………………… 190
ガードリング …………… 73
簡約化 BDD …………… 118

【き】
幾何学的設計規則 ……… 63
擬似 nMOS 回路 ……… 110
機能モジュール ………… 176
揮発性メモリ …………… 135
基板コンタクト ………… 72
基本回路 ………………… 176
基本素子 ………………… 176
キャリーセーブ ………… 160
キャリー先見加算器 …… 156
近接露光方式 …………… 47

【く】
グラジュアルチャネル近似 … 7
クロスバ型バレルシフタ … 165
クロックト CMOS ……… 107

【け】
ゲート遅延のマクロモデル …………………… 38

【こ】
高位合成 ………………… 178
コンタクト露光方式 …… 47

【さ】
最小項 …………………… 149
最適分割 ………………… 41
サイリスタ構造 ………… 74
雑音余裕 ………………… 20
サブスレショルドスロープ …………………… 15
サブスレショルド定数 … 15
サブスレショルド電流 … 14

【し】
しきい電圧 ……………… 2
自己整合技術 …………… 51
システム ………………… 176
システム LSI …………… 176
シート抵抗 ……………… 77
集積回路 ………………… 1
縮小投影露光方式 ……… 47
準安定状態 ……………… 129
順序回路 ………………… 152
処理ユニット …………… 176
シングルダマシン工程 … 53
信号回復機能 …………… 20

【す】
スイング ………………… 15
スタティック型記憶回路 …………………… 123, 128
スタティック型ゲート回路 …………………… 111
スタティック雑音余裕 … 139
スタティック消費電力 … 30
スタティック CMOS 回路 …………………… 111
ステッパ ………………… 47
スルーホール …………… 53

スレーブ ………………… 132

【せ】
製造後設計検証 ………… 190
設計規則 ………………… 63
設計知財 ………………… 175
設計ライブラリ ………… 175
セットアップ時間 ……… 126
セットアップ時間エラー … 127
セミカスタム設計 ……… 177
線形領域 ………………… 9
センスアンプ …………… 134

【そ】
相補型の回路 …………… 17
ソース・ドレーン領域 … 51
ソフトエラー …………… 126

【た】
大規模集積回路 ………… 1
対称関数 ………………… 87
対称性 …………………… 87
ダイナミック型記憶回路 … 123
ダイナミック型ゲート回路 …………………… 110
ダイナミック記憶 ……… 107
ダイナミック消費電力 … 30
多数決関数 ……………… 87
立上り時間 ……………… 24
立下り時間 ……………… 24
ダマシン工程 …………… 52

【ち】
チャネル生成 …………… 4

【つ】
ツインウェル技術 ……… 54
ツリーネットワーク …… 35

【て】
デザインルール ………… 63
データパスコンパイラ … 186
デバイスパラメータ …… 63
デュアルダマシン工程 … 52
電界効果トランジスタ … 1

電荷再配分問題 ……………112
電気的故障 ………………190
電気的特性パラメータ ……63
電子線露光方式 ……………48
電子走行時間 ………………25
伝送ゲート …………………105

【と】
投影露光方式 ………………47
等価駆動抵抗 ………………28
等価線形抵抗 ………………23
同　期 ……………………181
動作記述 …………………178
動的周波数制御 …………189
動的電圧周波数制御 ……190
動的電圧制御 ……………189
等電位領域 …………………40
トランジスタゲイン ………21
トランスミッションゲート
　　　　　　　　………105
ドレーン ……………………3
ドレーン誘導バリヤ低減定数
　　　　　　　　…………15

【ね】
ネガレジスト ………………48

【の】
ノイズマージン ……………20

【は】
バイアス効果係数 …………10
配線固有遅延 ………………40
配線遅延 ……………………40
排他的論理和 ………………88
バイポーラトランジスタ …1
パッシベーション …………53
ハードウェア記述言語 …177
反転電圧 ……………………2

【ひ】
ビット線 …………………134
非比率型論理 ……………110
標準セルライブラリ ……180
比率型論理 ………………110
ピンチオフ点 ………………11
ピンチオフ電圧 …………9, 11

【ふ】
ファネルシフタ …………165
ファンアウト係数 …… 24, 38
フィールド酸化膜 ……… 3, 51
フェイスダウンボンディング
　　　　　　　　…………58
不揮発性記憶回路 ………123
不揮発性メモリ …………135
複合ゲート …………………95
部分積 ……………………159
フラッシュメモリ ………135
プリチャージ ……………110
ブリッスルブロック ……186
フルカスタム設計 ………176
フロアプラン ……………179
フロアプランニング ……179

【ほ】
飽和速度 ……………………7
飽和電圧 ……………………11
飽和領域 ……………………9
保護膜 ………………………53
ポジレジスト ………………48
ホールド時間 ……………126
ホールド時間エラー ……127
ボンディングパッド ………57

【ま】
前工程 ………………………45
マスク ROM ……………135
マスタ ……………………132

マスタ・スレーブ構成 …132
マルチチップモジュール …59

【み】
溝分離 ………………………49

【め】
メタステーブル状態 ……129
メモリコンパイラ ………186

【ゆ】
有限状態機械 ……………153

【ら】
ラッチアップ現象 …………75
ランダムアクセスメモリ …135

【り】
リテラル ……………………96
リードオンリーメモリ …135
リプルキャリー加算器 …155
リフレッシュ動作 ………127

【れ】
レ　ゴ ……………………186
レジスタ …………………166
レチクル ……………………47
レベルキーパー …………113
レベルセンシティブ型 …132
レベルトリガ型 …………132
連想メモリ ………………145

【ろ】
ロジックインメモリ ……145
論理合成 …………………178

【わ】
ワード線 …………………134
ワイヤボンディング ………57

【A】
ASIC ………………………176

【B】
BJT …………………………1

【C】
CAM ………………………145
CLA ………………………156
CMOS ………………………17
CMP 工程 …………………53

CPL ………………………119
CVSL 型ドミノゲート …117
C. Mead の e 倍の定理 …32
C²MOS ……………………107

【D】
DFS ………………………190
DRC ………………………188
DVFS ……………………190
DVS ………………………189

【E】
EEPROM …………135, 138
EPROM …………………135
ERC ………………………189
ESD …………………………81

【F】
FET …………………………1
FPGA ……………………102
FSM ………………………153

索引

【H】
HDL ······················· 177

【I】
IC ························· 1
IP ························ 175

【L】
LSI ························ 1
LVS ······················ 189

【M】
MAJORゲート ··············· 87
MCM ······················ 59
MLL ······················ 48
MOS ······················· 1
MOSFET ···················· 1

【N】
n型反転 ···················· 2

nMOSFET ··················· 3

【O】
OPC ······················ 48

【P】
p型反転 ···················· 2
PLA ····················· 148
pMOSFET ··················· 3
PROM ···················· 135

【R】
RAM ····················· 135
RCA ····················· 155
ROBDD ··················· 118
ROM ····················· 135
RRAM ···················· 145

【S】
SA ······················ 134
SIP ······················ 59

SNM ····················· 139
SoC ····················· 176
SOI ······················ 55
SOI技術 ··················· 55
SPICE ··················· 177
SRフリップフロップ ········ 130
SRラッチ ················· 130
STI ······················ 49

【T】
TSV ······················ 59

【ギリシャ文字】
λグリッド ················· 66
λルール ··················· 66

【数字】
1線式論理 ················ 116
2線式論理 ················ 116
3重ウェル構造 ············· 55

―― 著者略歴 ――

浅田　邦博（あさだ　くにひろ）
1980 年　東京大学大学院工学系研究科博士課程修了（電子工学専攻）
　　　　工学博士（東京大学）
　　　現在，東京大学教授

集積回路設計　　　　　　　　　　　　　Ⓒ　一般社団法人　電子情報通信学会　2015
Integrated Circuit Design

2015 年 2 月 27 日　初版第 1 刷発行

検印省略	編　者	一般社団法人 電子情報通信学会 http://www.ieice.org/
	著　者	浅　田　邦　博
	発行者	株式会社　コロナ社
	代表者	牛来真也

112-0011　東京都文京区千石 4-46-10
発行所　株式会社　**コ　ロ　ナ　社**
CORONA PUBLISHING CO., LTD.
Tokyo Japan　　Printed in Japan
振替 00140-8-14844・電話 (03) 3941-3131 (代)
http://www.coronasha.co.jp

ISBN 978-4-339-01847-9
印刷：三美印刷／製本：愛千製本所

本書のコピー，スキャン，デジタル化等の無断複製・転載は著作権法上での例外を除き禁じられております。購入者以外の第三者による本書の電子データ化及び電子書籍化は，いかなる場合も認めておりません。

落丁・乱丁本はお取替えいたします